幸好
冰箱有蛋

幸好
冰箱有蛋

幸好
冰箱有蛋

幸好
冰箱有蛋

幸好
冰箱有蛋

100道
每天吃都不膩的
幸福蛋料理

嘖嘖料理手帳　zeze ——著

作者序 —

好久沒寫序了，上一次寫序應該是學生論文的時候吧！沒想到再次寫序，就是自己的第一本食譜書。關於料理，我記得自己的下廚處女秀是煎一顆蛋，當時年紀小，父母很緊張的在旁邊觀看。當時，拜不沾鍋所賜，順利地煎出人生第一顆荷包蛋，滿滿的成就感讓我愛上了做菜，投入後，才發現它沒有盡頭，必須持續不間斷地學習，才會有所突破。曾經為了練習刀工，冰箱的蔬果室兩三個禮拜都堆滿了小黃瓜，冬天到了，就改成削蘿蔔，也開始知道什麼季節會出哪些食材。後來更為了一份蛋包飯，兩天用掉一百多顆的蛋，失敗的雞蛋只能作成其他料理，漸漸地，我能夠用剩菜變化出很多料理。

我相信喜歡料理的人都是自信且謙卑的，我們知道自己擅長這件事的同時，也從料理中學習到對於各種可能性的包容。

在這本書開始之前，我想感謝支持我的各位，拜網路的發達讓許多人認識我，也因此獲得出版這本書的機會。

至於為什麼是一本蛋料理書？

雞蛋是最容易取得的食材，但市面上大部分的蛋料理書都是翻譯書籍，不僅著重在西式菜色，食材取得的困難度也較高，我想，如果能有一本以台灣常見食材為中心的蛋料理書，是不是會更實用呢？因此，決定我的第一本書，一定要以最常見卻也最多變的食材——「蛋」為主題。

在這本書中我以不同的料理方式來分類蛋的基礎變化，像是水煮的溏心蛋、溫泉蛋，或者是用炒的歐姆蛋。一顆小小的雞蛋可以帶殼烹調，也能去殼料理，蛋白與蛋黃又有著不同的質地和變性溫度，在調理上便會運用到很多料理知識，只要學會了基礎蛋料理後，同時也提升了自己的料理技巧，而接下來的食譜更是實用的家常菜，三杯、糖醋和紅燒等等的作法都囊括在這本書中，加上鵪鶉蛋、鴨蛋、魚蛋（鮭魚卵）的料理。我相信讀完以後，你會發現它是一本隨時可以拿來參考的手邊食譜書，這也是我寫這本書最重要的目的。

噴噴料理手帳
邱文澤

Contents

Part2
蛋的基本料理法

Part3

開啟美好的一天
元氣滿滿的蛋早餐

Part4
營養好吃的便當蛋料理

Part5

吃飽吃巧都可以的
好滿足主食

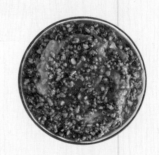

Part6
世界各地的美味蛋料理

Part7

佐餐必備的療癒湯品

Part8

蛋香四溢的夢幻系甜點

用蛋做成甜點充滿了蛋的香氣，
口感細緻滑順

Part 1
關於蛋的二三事

關於雞蛋的那幾件事，哪些是真？哪些又只是傳言？要製作出美味的蛋料理，必備的廚房用具不可少，請準備好工具&調味料。本章最後介紹三種萬用高湯煮法以及運用雞蛋製作的各式美味醬料，豐富的內容不要錯過了！

不只是一顆蛋

在所有的食材中，蛋是一個非常特別的存在，它富含一個胚胎成長需要的要素，因此，對我們來說，同樣也是高營養價值的食品。更重要的是，並不需要太多花費，就能買到高品質的雞蛋，我們打開冰箱想到的第一件事，往往是怎麼沒有蛋了？，缺少某樣食材或許可以找替代品或是直接省略，但少了雞蛋，常常一道料理就沒辦法做了。

蛋的變化性

一顆雞蛋中，主要可以分成蛋殼、蛋白和蛋黃，蛋白又有濃蛋白和稀蛋白，其中還可細分為卵白蛋白、卵類黏蛋白等，利用蛋黃及每種蛋白不同的特性和凝固點，時間差及溫度，讓一顆蛋形成多種型態。我們可以帶殼或去殼來料理，利用溫度的時間差，而打勻的蛋液又是一個全新的質地，變化出無限多種可能的料理。

神奇的蛋黃

你知道一顆蛋黃可以做出多少美乃滋嗎？超過250毫升！（這是我實驗過的數據，實際可能更多），換句話說，一顆蛋黃可以乳化超過250毫升的油脂，這得歸功於蛋黃中的卵磷脂，卵磷脂是一種天然的乳化劑，許多著名的醬汁就是使用蛋黃完成的，例如，最著名的美乃滋。

發泡的蛋白

蛋白可以打發成泡，打發的蛋白是很多糕類料理的基礎，甚至它本身也可以做成一道甜點（p.204的巧克力焦糖蛋白霜），如果少了蛋白這個重要的食材，世界上大多數的甜點可能都要消失了；另外，蛋白泡還能吸附雜質，法式料理中的澄清高湯，便是利用蛋白泡來吸附雜質，做成濃郁又透明的高湯。

食材間的結合劑

最後，雞蛋還有一種常見的功用，就是作為食材間的橋樑。當我們在製作各式各樣的肉餡，常常會加入一顆雞蛋，而這顆雞蛋的功用就是用來連結每樣細小的食材，讓餡料形成更緊密的組織，變身成一道道驚艷的料理。

雞蛋都市傳說

市場街坊間流傳了許多關於蛋的傳聞，像是紅殼蛋比較好吃、橘紅色的蛋黃才是好蛋等。今天我們就用科學的方法，來驗證看看這些傳聞究竟對不對！

紅殼蛋比白殼蛋好？
雞蛋的外殼顏色和蛋雞的品種有關，若在同樣的飼養條件下，紅殼蛋和白殼蛋的營養價值並無差異。另外，除了白殼與紅殼外，某些品種的雞會生產藍殼及綠殼的雞蛋。

蛋黃顏色越深、越新鮮？
蛋黃的顏色與飼料有關，當蛋雞吃了含有胡蘿蔔素等含色素的蔬菜飼料，就會生出偏橘紅色蛋黃，顏色深淺與雞蛋的新鮮度無關，卻可以提升雞蛋的美味程度。

蛋黃越挺、越好？
基本上，可以由幾個指標來判斷雞蛋的新鮮度，第一就是蛋黃是否堅挺，隨著放置時間越長、蛋黃會變得扁平，再來就是蛋白的濃稠程度，越水代表這顆雞蛋越不新鮮。最後，放置越久氣室會變大，這也是一般所說的「壞掉的雞蛋放進水中會浮起」，因為雞蛋內已經充滿了氣體。

非籠飼的雞蛋比較好？
近年來，國內蛋雞的飼養不斷在轉型，市面上已有許多非籠飼（平飼及放牧）的雞蛋，當蛋雞有足夠的活動空間，所生下雞蛋也越健康，如果沒辦法買到非籠飼雞蛋，「豐富化」籠飼雞蛋（有提供蛋雞棲架和巢箱）也是不錯的選擇喔！

雞蛋一天只能吃一顆，否則會增加膽固醇？
人體中絕大多數的膽固醇是由身體自行製造，食物中的膽固醇不會被完全吸收。對於健康的人來說，一天攝取兩到三顆的雞蛋都屬於正常範圍，另外，膽固醇並非全蛋都有，而是集中在蛋黃部位，而雞蛋最營養的部份同樣也在蛋黃。

該準備的廚房用具有

下面是本書中時常用到的廚房用具，這些廚房用具在大多數的料理上都用的到，建議大家可以先準備起來。

量匙

為了更精確每次的食材用量，書中的食譜均依照標準量匙進行測量，1大匙=15毫升，1小匙 = 5毫升。

另外，若份量極少，無法以量匙計算，或者食材本身不容易計量時（如蓬鬆的柴魚片），我會以手部動作作為量測單位，雖然每個人的手掌大小不同（我的手偏大）。不過，如果習慣用自己的手來測量的話，它會是最方便的工具唷！

一小撮是指以中指（食指）及拇指抓取的量

一小把是指以五指空抓時的量

一大把是指以手掌實握時的量

手動打蛋器

大部分是用來將食材混合均勻，如果沒有，也可以用筷子取代。

泡沫撈勺

在煮高湯或是油炸時，需要使用泡沫撈勺清除浮渣，這種撈勺比一般濾網更細，非常好用。

濾網

一般濾網較泡沫撈勺的洞口更寬，可用來撈取煮水中的食材或者麵條，家中隨時準備一隻，會比較方便。

| 麵粉篩 | 分蛋器 |

在做糕點類料理時需要將麵粉過篩，尤其是容易結塊的低筋麵粉，也可以買有彈簧的半自動篩網。

這個小雞分蛋器，是用吸的方式分離蛋黃及蛋白，缺點是雞蛋不新鮮時，容易造成蛋黃破裂，建議使用落下式的分蛋器即可。

| 筷子 | 木鏟 | 硬／軟刮板 |

必備的料理工具，除了可以攪拌雞蛋外，也能當木鏟使用。

烘焙器具，軟硬刮板各需要準備一只。

煎炒時，不可或缺的工具。

| 不沾煎鍋 |

蛋是非常容易黏鍋的食材，使用不沾鍋比較容易處理，當然也可以使用如鐵鍋、碳鋼鍋等材質的鍋具，大家只要選擇自己熟悉的鍋具即可。

| 不鏽鋼煎鍋 |

另一個書中常用到的鍋具是不鏽鋼鍋，它的保溫性較佳，不容易黏鍋的料理都可以使用它來煎炒。

| 湯鍋 |

水煮的雞蛋料理幾乎都會用到湯鍋，我用的是不鏽鋼材質的湯鍋。

炸鍋

書中有好幾道料理需要油炸，不買專用的炸鍋沒關係，一只鐵鍋就是很好的器具，導熱迅速，很適合當炸鍋使用。

Tips

現代人經常使用氣炸鍋來取代油炸。我的廚房中也有氣炸鍋，不過，要瞭解「氣炸」其實就是一種熱風烘烤，在原理上仍是「烤」，而非真的炸物，具備炫風功能的烤箱，都可以當作氣炸鍋來使用。

玉子燒鍋

玉子燒鍋一般是長方形或正方形的鍋具，如果沒有這類專用的鍋具，書中也有教使用平底鍋製作玉子燒的方法。

調理盆　　**溫度計**

蛋料理常常需要將雞蛋打散，請準備一個大一點的調理盆吧！玻璃材質或不鏽鋼材質都沒問題。

料理用的溫度計同樣是蛋料理中不可或缺的器具，例如書中的蛋奶醬（p.27），就是一道需要精確測溫，才能完成的醬汁。

電動攪拌器

如果遇到蛋白需要打發的狀況（如甜點），便需要使用電動打蛋器，我用的是手持式電動攪拌器。

該準備的醬料及食材有

本書用到的醬料有些很常見，有些可能大家稍微陌生，其實它們都是萬用的基礎調味料。例如伍斯特醬，可以醃肉、煮醬或者炒菜，偶爾用這種「西式醬油」來取代中式調味料，就能讓平時的菜色有更多的新鮮感！

伍斯特醬

由多種蔬果及辛香料醃漬而成的英式調味料，嘗起來有酸甜感。被廣泛運用在各式料理，大型賣場可購得。

日式豬排醬

類似伍斯特醬，除了當作淋醬外，也可以用來醃漬肉類、製作醬汁等，原則上可以與伍斯特醬互相取代。

番茄醬

常見的調味料之一，調配醬汁時經常用到。

蠔油

蠔油中有很強烈的鮮味成分，不需太多，就能讓味道變得更飽滿。

醬油

重要的釀造調味料之一。

美乃滋

市面常見的美乃滋有台式和日式兩種，台式較甜，日式則偏酸，依照不同料理，挑選適合使用的美乃滋。

清酒

天然釀造的日式料理酒，若家中沒有，可改用米酒代替。

料理米酒

我推薦「純米」的料理米酒，沒有添加食用酒精，用在料理上，味道會更加融合。

本味醂

釀造的日式調味料，可為料理帶來醇厚風味並產生光澤，主要原料有米、麴和酒精。

奶油

做西式料理時，經常用到的動物性油脂。

麵粉

可用來裹粉、增稠或製作麵點，本書中，低筋、中筋或高筋麵粉皆有使用，在各食譜中會特別標示。

太白粉

書中多數的台式料理均需要勾芡，只要將太白粉和水攪拌均勻，就是勾芡水了。

關於本書用到的高湯

高湯是料理中非常重要的一環，它可以讓一道料理的美味程度大幅大提昇。本書會用到的高湯一共有四種，分別是昆布柴魚高湯、豬枝骨高湯、罐頭高湯和雞骨高湯，接著我會詳細介紹各種高湯的煮法。

⊦ Tips ⊦

食材應該冷水下鍋還是熱水下鍋，一直是許多人的疑問。首先，熬湯的肉骨要冷水下鍋，這是因為加熱的過程中，骨髓等雜質會釋出，必須冷水下鍋汆燙後再使用；至於蔬菜的判斷方式就更簡單了，大部分根莖類蔬菜都是冷水下鍋，例如，蘿蔔、洋蔥、馬鈴薯等，而葉菜類就是熱水下鍋了。

※ 高湯類冷藏可保存一週，建議盡早使用完畢。

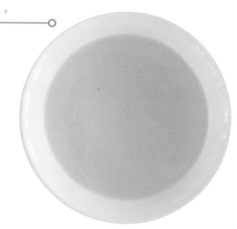

柴魚昆布高湯

〔材　料〕

昆布（15公分）............. 1長片
柴魚花 .... 手抓一大把
水 .... 1000㎖

〔作　法〕

1. 先將昆布泡過濾水，約30分鐘（若隔天使用，可在前一晚先泡水）。

2. 加熱昆布水，於鍋子上方放一個濾網，加入柴魚，以小火泡約10到15分鐘後，撈除湯料後，完成。

⊦ Tips ⊦

- 使用完的昆布不要丟掉，剪成適當寬度後，直接打結，就是最棒的海帶結。

- 如果使用的柴魚花非常細碎，撈除比較費力，不妨裝在空茶包內，再放入湯中。

柴魚講座

柴魚花是由乾燥煙燻過的鰹魚塊（鰹節）刨下，依照刨的方式可分為厚削和薄削，前者煮湯味道強烈，後者相對清爽。

而柴魚的味道依等級不同有所差異，用量也不會一樣。舉例來說，熟成過的「枯節」就比單純煙燻的鰹節味道更加濃厚。如果家中有柴魚刨削器，可以考慮買整塊鰹節自己處理，現刨的柴魚花香氣不會流失，可以煮出最棒的湯頭，現成的柴魚花建議先煮過一次，比較容易拿捏份量。以一公升的水量來說，用手蓬鬆的抓起一大把即可，如果味道較淡，就抓兩把使用，並不需要太精細的測量。

柴魚昆布高湯是非常經典的日式高湯，在我的食譜裡頭也有多種應用，由於昆布久煮會釋出黏稠物，讓湯頭變得混濁，因此，多半採冷泡的方式萃取鮮味。而柴魚味道釋放得快，水燒熱後，再下柴魚片，轉小火燜泡，只要把握「昆布冷水下鍋、柴魚熱水下鍋」的基本原則，就能煮出很棒的日式高湯。

豬枝骨高湯

枝骨（賓仔骨）就是豬身上的肋骨部位，由於肋排上的五花肉通常會去骨取肉，留下來的細長骨頭就是枝骨。去掉豬肉後的枝骨相當便宜，相對大骨（腿骨）來說，味道清爽許多，適合各式料理的應用。

〔材　料〕

枝骨............................... 300g

水............................... 1000㎖

〔作　法〕

豬枝骨以冷水（食譜外）汆燙至滾沸後，撈出枝骨洗淨，另起一鍋水，放入豬骨，待滾沸後蓋上鍋蓋，轉小火，煮40分鐘完成。

┌ Tips ┐

枝骨的斷面在加熱後，會釋出大量的骨髓雜質，一定要經過汆燙再使用。

罐頭雞湯

清雞湯是我常用的速成罐頭雞湯，它與雞骨高湯可以互相取代，由於大部分的料理都會用到雞湯，直接使用罐頭雞湯是很省時的方法。但不少罐頭雞湯都已加鹽調味，若用它取代自製雞高湯時，要減少鹽的用量；反之，用自製雞高湯來取代食譜中的罐頭高湯時，就要增加湯頭鹹度。本書食譜中使用的都是「史雲生清雞湯」。

雞骨高湯

雞骨也是很常用來熬煮基本高湯的材料，一般是使用取完肉的肋骨，也就是俗稱的「雞架子」，有些則會連著雞脖子一同販售。由於雞架子體積較大，大約要用1500毫升的水量高度才能淹過雞骨，若擔心味道太淡，這個水量可使用2~3個雞架子。

如果沒有磅秤，提供大家一個很好記的比例：把雞架子放入鍋中，倒入約兩倍體積的水量，滾煮35分鐘，就是很棒的高湯了。

〔材　料〕

雞架子 450g
水 .... 1500㎖
老薑 2片

〔作　法〕

將所有材料放進鍋內，並確保水能醃過雞架子，在煮的期間，撈除浮油和殘渣，小火滾煮35分鐘後，完成。

Tips

- 市場或超市買到的雞架子都已經整理的很乾淨了，熬煮時沒有太多的雜質，不需要事先汆燙，只要在煮的過程中，撈除浮沫及殘渣即可。

- 少量的老薑可以幫助去腥，煮好的湯頭也不會有明顯的薑味，能應用於各式料理中。

原來跟蛋相關的醬有這麼多

荷蘭醬

荷蘭醬為法式五大母醬之一，而它之所以稱為「荷蘭」醬，與它的起源有關。它與稍後會介紹到的美乃滋非常相似，但因為使用澄清奶油和純蛋黃的關係，吃進嘴裡有一股無法想像的醇厚味道。

荷蘭醬除了用來搭配經典的班乃迪克蛋以外，也是煎鮭魚常用的醬汁，和多數白肉魚搭配一起吃都很棒！

〔材　料〕

蛋黃	3顆
檸檬汁	1.5~2大匙
鹽	1/3小匙
砂糖	1小匙
澄清奶油（見Tips）	115~120g

┤ Tips ├

• 澄清奶油也稱為無水奶油，是去除奶油中的水份和固形物後的純乳脂，奶油在經過長時間的慢煮後，固形物會焦化黏於鍋上，剩下的就是有著美妙香氣的澄清奶油，它比一般奶油的發煙點更高，用來煎牛排也很適合。

▲可參考影片說明

• 製作澄清奶油較費時，若時間不夠，可將奶油微波融化後直接使用。

〔作　法〕

1. 將奶油放入鍋中以最小火煮30分鐘，期間仔細地撈除浮泡，最後的成品即為「澄清奶油（見Tips）」。

2. 取一個碗放入蛋黃、鹽和檸檬汁，接著，用直徑大於碗的湯鍋，將水煮至鍋邊冒泡後，轉最小火，將碗放入湯鍋中，以隔水加熱的方式用攪拌棒拌勻蛋黃。

3. 接著，倒入稍微降溫後的澄清奶油，一次倒入的量不要太多，每次攪拌至融合後，再倒入下一次的奶油。

4. 攪拌完成後，以湯匙測試濃稠度，能掛在湯匙上形成光滑面，荷蘭醬就完成了。

※ 荷蘭醬放置一段時間後會凝固，只需重新隔水加熱即可，建議一至兩天內食用完畢。

為什麼我的醬汁無法順利乳化？

乳化需要同時具備數種條件，溫度和油水比例都可能是造成乳化失敗的原因。

先講溫度，隔水加熱的目的在於預防奶油結塊，同時也能防止溫度過高，雖然加了檸檬汁的蛋黃，可以耐熱到80℃甚至是90℃，但過高的溫度仍會讓蛋黃結塊，而失去媒介的功能；另外，不正確的油水比例，也會導致乳化失敗，如蛋黃中有水性物質，而檸檬汁也是水性，假如醬汁看起來不太滑順，就是過濃了，可以試著添加些檸檬汁或冷開水，如果過稀，繼續加熱攪拌即可。

如果一次下的油量太多，很容易造成油水分離，因此，在加入奶油時，請務必分次少量加入，融合後，再繼續倒入奶油。

水與油的媒介：談乳化作用

乳化是料理上常用到的技巧，神奇的乳化效果讓我們得以完成濃稠的醬汁和乳白色高湯。一般來說，水與油之間是無法相融的，但當我們以外力將兩者打成小珠狀，再透過蛋黃中的卵磷脂拉起兩者的同時，就會在常溫中形成穩定的狀態，這種作用稱為「乳化」。這是因為卵磷脂具有親水性的同時，也具有親油性。有了蛋黃這個天然乳化劑，就可以延伸很多想像不到的料理。

美乃滋

（蛋黃醬）

自製美乃滋5分鐘
快速完成！

美乃滋又稱為「蛋黃醬」，它是利用蛋黃與油乳化特性做出來的濃郁醬料，因此，成份大約有七到八成是食用油。

〔材　料〕

蛋黃.............................. 1顆

檸檬............................. 1/2顆

鹽................................2小撮

砂糖...........................1小匙

無味植物油（見Tips）....200g

〔作　法〕

1. 將除植物油以外的材料放入調理盆中。

2. 使用電動攪拌機將作法1中的材料打散後，轉中速續打，並慢慢倒入食用油，倒油的速度需依盆內乳化狀況調整，若倒進盆內的油未完全乳化，應減緩倒入的速度，待全數倒入並完成乳化後即完成。

※ 冷藏可保存約一到兩週，自製醬料不建議久放。

┤ Tips ├

• 植物油需使用無特殊氣味的油品，例如。沙拉油和菜籽油。家中常見的橄欖油反而不適合做成沙拉醬，因其在乳化過程中，會產生強烈的苦辣感。

• 在乳化過程中主要使用的是蛋黃，剩餘蛋白可應用在甜食，如本書的蛋白霜餅乾等，若實在沒有其他用途，直接用全蛋做美乃滋也沒問題。

英式蛋奶醬

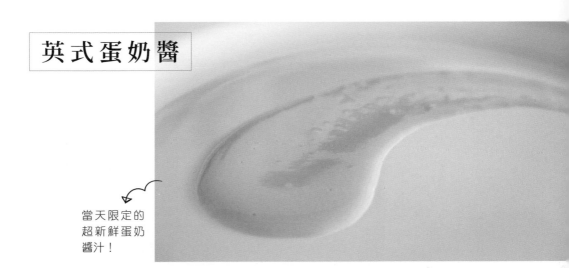

當天限定的
超新鮮蛋奶
醬汁！

蛋奶醬是許多甜點醬汁的基礎，但因含有蛋的成分，只能在需要使用時製作，不適合預做冷藏存放嘞！

〔材　料〕

牛奶......................... 200g
蛋黃.........................3顆
細砂糖...................... 40g
香草精.................... 1小匙

┌ Tips ┐
當蛋黃與砂糖充分打勻後凝
固點會提高，熱牛奶不會使
其結塊，不過，還是不能倒
入非常滾燙的牛奶。

🥚 白脫牛奶鬆餅

蛋奶醬與許多點心類料埋很
搭，下圖是用白脫牛奶做的鬆
餅，搭配的正是英式蛋奶醬。

〔作　法〕

1. 將牛奶加入香草精和食材中約四分之一量的砂糖，煮至沸騰後關火。

2. 事先把蛋黃分離出來，加入剩餘的砂糖，並用打蛋器打至濃稠狀。

3. 將作法1的牛奶分成數次倒入蛋黃液中，用電動打蛋器慢慢拌勻。

4. 牛奶蛋液倒回鍋中，以小火加熱並持續攪拌，過程中以溫度計測溫，當溫度到達83℃時，立刻離火。一旦超過此溫度，蛋奶液會開始凝結。

5. 用刮勺或湯匙背面沾點蛋奶醬，以手指劃開，會留下痕跡就是正確的狀態。

6. 隔著冰水降溫後，即可使用。

塔塔醬
（韃靼醬）

讓炸物美味程度
再昇華的超強蘸
醬。

塔塔醬的主要材料為白煮蛋和美乃滋，除了這兩種以外，其他合適的副材料太多了，也因此，每個人做出來的塔塔醬風味都大不相同。

在此，我利用了伍斯特醬來增加醬料中的鮮味，如果家中有榨菜不妨也切碎加入，或者換成如酸黃瓜、鹽昆布等醃漬物也都很適合。請調製出專屬於你的塔塔醬吧！

〔材　料〕

白煮蛋 1顆
洋蔥 1/4顆
芥末醬（可換美乃滋）1大匙
美乃滋 3大匙
檸檬汁 2小匙
乾燥巴西里（可省略）..2小匙
伍斯特醬（可省略）.. 1/2小匙

〔作　法〕

1. 將白煮蛋（p.32）切碎，洋蔥1/4顆切丁，泡水壓乾備用。

2. 所有材料混合後，攪拌均勻即完成。
   ※ 未食用完可放冷藏保存約三到四天。

壽喜燒蘸醬

壽喜燒的完美沾醬，
就是蛋黃。

壽喜燒的醬料盤上通常只有蛋黃，不需要更多其他東西，這是因為日式壽喜燒的醬汁非常濃，食材煮過後，具有非常豐富的味道，沾著蛋黃一起吃，反而有緩衝的作用。

一入口，先是香濃的蛋香，接著，才是肉的鹹鮮味，聽說日本人吃壽喜燒時，都會準備非常大量的蛋黃呢！

〔材　料〕
蛋黃.............................. 2顆
七味粉........................ 少許

〔作　法〕
將蛋黃打勻，撒上少許七味粉即可。

蛋黃沙茶醬

這款國民火鍋醬料，你一定看過！

介紹了好幾款國外的醬料，這款是真正道地的台灣味。忘記從多小開始，每次吃火鍋都會將生蛋黃拌入沙茶醬中，隨意配點蔥花蒜泥，加入少許的醬油白醋，就是最完美的台式火鍋醬料。

〔材　料〕

牛頭牌沙茶醬 3大匙

醬油.............................1大匙

蛋黃................................ 1顆

白醋.........................1/2小匙

蔥花.............................2小匙

蒜末.............................1小匙

辣椒末..........................1小匙

〔作　法〕

將所有材料放入碗中，混拌均勻即可。

Part 2
蛋的基本料理法

蛋是最被廣泛運用的食材，在本章中將以烹調方式來
介紹基礎的蛋料理，共區分為煮、蒸、醃、煎、炒五
個部分，後續的蛋料理將以此為基礎進行延伸。只要
學會這五種處理蛋的方式，就等於熟悉了基本的烹調
方法，也能為往後的料理添加更多變化。

#基礎第一式：煮蛋

煮蛋是最常見的蛋料理方式之一，利用雞蛋中蛋白與蛋黃不同的變性溫度，呈現出不同的質地和口感，甚至可以再細分為帶殼烹煮和去殼烹煮，光是煮蛋就能變化出多種料理。

白煮蛋

白煮蛋是蛋白及蛋黃全熟的水煮蛋，如何讓它變得更好吃呢？

〔材　料〕

滾水（蓋過雞蛋的量）....... 1鍋
雞蛋............................. 任意
鹽或白醋 ....視情況添加
冰開水（蓋過雞蛋的量）... 1鍋

┌ Tips ┐

· 當雞蛋的鈍端敲出一個小洞後，氣室中的空氣會在水煮過程中排出，之後剝殼會較容易，蛋型也會更美觀。

· 若一次下的蛋量太多，水溫會快速下降，不容易計算出正確的時間，需要注意雞蛋與水的比例。

〔作　法〕

1. 在雞蛋的鈍端以刀顎的尖角輕敲出一個小洞（見Tips），水滾後，將雞蛋輕放入鍋，水不要大滾的狀況下，大部分雞蛋可保持不破（若擔心蛋殼破裂，可加入少許的鹽或白醋）。

2. 目視水量必須蓋過雞蛋，以小火煮10分鐘後，撈起泡冰開水降溫即完成。

水煮蛋講座

雖然煮蛋不需要什麼特殊的技巧，但不少人常常將水煮蛋煮過頭了，蛋白和蛋黃久煮後質地會老化，口感不佳，即使是全熟的蛋黃，因為烹煮的時間不同，也會產生很不一樣的口感。

煮超過12分鐘的狀態，蛋黃為
淡黃色且產生沙沙的口感。

10分鐘的蛋黃，
呈現飽和的橘紅色。

雞蛋在水煮的過程中，外層的蛋白會比裡頭的蛋黃先凝固，以一顆普通大小的雞蛋來說，水煮的第7分鐘，蛋白已完全熟化；蛋黃則會在10分鐘時完全固化，但仍然保有一些水分；10分鐘後，蛋黃質地開始快速變化；12分鐘以上，呈現完全粉狀，甚至出現紫邊，此時，蛋黃的口感開始變差。

蛋白煮的時間越長、越像橡膠一樣，不好咀嚼，除非要做成鐵蛋那種特殊口感的蛋。想煮出水嫩Q彈的雞蛋，10分鐘是最理想的時間。

溫泉蛋

一般家庭也能做
出完美溫泉蛋的
私藏作法。

溫泉蛋雲吞烏龍溫麵 p.144

吻仔魚溫泉蛋蓋飯 p.124

蛋白從變性到完全固化的溫度範圍較蛋黃更大，溫泉蛋便是利用了這樣的特性，將雞蛋泡入恆溫的熱水中，讓蛋白變性但不會固化，同樣的熱度也不會使蛋黃固化，最終蛋白和蛋黃皆呈水嫩狀態，便是所謂的「溫泉蛋」。

我製作溫泉蛋的方式有兩種，兩種方式都需要使用太白粉，加入太白粉能讓液體稠化並提高保溫性，避免水溫下降的過快，是沒有舒肥機這類恆溫機器的家庭，也能輕易做出溫泉蛋的方法。

溫泉蛋除了單吃以外，還有很多搭配形式，在本書中示範了一道蓋飯和一道烏龍麵，大家不妨想想看它還能應用在哪裡吧！

〔材　料〕*不能變動*

雞蛋 4顆
水 .... 1000㎖
水（加太白粉用）.. 250~300㎖
太白粉 1大匙

溫泉蛋與濃湯也是很常見的搭配手法。

 有溫度計的作法

〔作　法〕

在鍋中倒入可完全蓋過雞蛋的冷水，加熱到水溫達到75℃，接著，加入太白粉水並放入雞蛋，再次測量溫度是否在70~72℃之間，若溫度太高，則加入冷水降溫；太低，則再次加熱。放入雞蛋並蓋上鍋蓋燜15分鐘，時間到後，將蛋取起泡冷水降溫（最後再測量水的終溫，若低過65℃，表示鍋子保溫性不佳，需提高太白粉水用量或換鍋操作）。

無溫度計的作法

〔作　法〕

將1000毫升的水倒入小湯鍋中（需讓水量可以蓋過蛋），加熱到水滾後熄火，接著，把250ml的冷水與太白粉攪拌均勻後倒入，放入4顆蛋並蓋上鍋蓋燜泡15分鐘，時間到後，將蛋取起泡冷水降溫。

┤ 雞蛋的凝固與溫度 ├

蛋白中含有數種不同蛋白質，每種蛋白質固化的溫度都不相同，因此，蛋白從液態到凝固之間的溫度範圍很廣，蛋白會從63℃開始變性，直到80℃才會完全固化。相對來說，蛋黃固化的溫度範圍就小上許多，蛋黃由65℃開始變稠，70℃以上就會固化，溫泉蛋便是應用這個原理，讓雞蛋處於一個蛋黃尚未固化，蛋白卻只有部分凝固的水嫩狀態。

做出完美水波蛋的關鍵就在於新鮮雞蛋。

水波蛋

做水波蛋之前必須先瞭解一下蛋白,一般來說蛋白可以分成兩種,一種是包覆在蛋黃外圍的濃蛋白,另一種則是水分較高的稀蛋白。稀蛋白在遇到熱水時會形成蛋花,進而影響水波蛋的形狀,因此,只要先過濾掉稀蛋白,就能做出好看的水波蛋。鮮度差的雞蛋,蛋白會逐漸變稀,記得選用新鮮雞蛋來製作。

〔材 料〕

水(蓋過雞蛋的量)........... 1鍋

雞蛋................................ 任意

〔作 法〕

1. 將雞蛋以有洞的湯勺濾去稀蛋白後,放入一個小碗內。

2. 另起一鍋水,當鍋邊冒泡時轉成小火,接著,用湯匙將水順著同一個方向繞弧形成漩渦,將蛋輕放於中央的位置。

3. 當第1顆雞蛋成形後,可以繼續繞水並打入第2顆雞蛋,直到需要的數量,煮約2分半～3分鐘,半生熟蛋黃的水波蛋就完成了。

┤ Tips ├

如果在水大滾的狀態下放入雞蛋,做出來的水波蛋並不好看;當鍋邊冒泡時,就可以準備放入雞蛋,全程都不要讓水沸騰。

蔥拌麵與水波蛋

有些人在做水波蛋時會在水中加入白醋或鹽巴，這兩者能加速蛋白質連結，讓蛋白提前凝固。但如此一來，雞蛋會夾帶著醋酸味及鹹味。其實只要雞蛋新鮮無虞，加上濾掉稀蛋白的動作，就能做出非常棒的水波蛋。

另外，大家可能想問，為什麼要繞水呢？繞水有兩個目的，一是為了避免雞蛋下鍋後直接沉底黏在底部；第二，旋轉的離心力可以帶走破碎的蛋花，形成一顆完整的水波蛋。

由於水波蛋的蛋黃處於半生熟狀態，搭配澱粉類的麵飯都非常適合，擠破蛋黃拌入麵中的滋味，真是令人百吃不膩。

水波蛋的應用

班尼迪克蛋p.62

溏心蛋

溏心狀的蛋黃總
有一股難以抵擋
的魔力。

韓式麻藥蛋p.178

大家知道溏心蛋需要煮多久時間嗎？只要記得「黃金7分鐘」
這個口訣，每個人都可以煮出完美的溏心蛋。

〔材　料〕

雞蛋............................... 適量
冷開水........................... 200㎖
味醂............................... 100㎖
醬油............................... 100㎖

〔作　法〕

1. 如同白煮蛋作法，將蛋的鈍端敲一個
   小洞，水小滾後，將雞蛋輕放入鍋
   內，維持小火不煮滾的狀態，煮7分
   鐘後，取出泡冷水並剝去蛋殼。

2. 將冷開水、味醂和醬油混合均勻，與
   雞蛋一起放入密封袋內，醃漬一天即
   可食用，醃製時間越長，味道越重。

溏心蛋小講座

為了更了解不同時間下蛋黃的溏心狀態，我分成三個時段取出雞蛋，大家可以看看在不同烹煮時間下的雞蛋狀態。

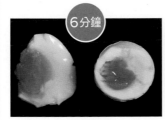
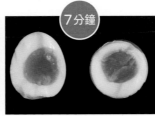

由於部分蛋白尚未凝結，雞蛋的質地過軟不易剝殼，蛋黃比生蛋時濃稠一點的液態狀。	蛋白剛好凝固了，蛋黃也呈現完美的膏狀，是非常棒的溏心狀態。	蛋黃周邊開始過熟，中心雖呈現膏狀，但不會流動。

另外，雖然溏心蛋烹煮的時間為7分鐘，但由於雞蛋尺寸大小不同，甚至還有非常小顆的初生卵，建議大家在下雞蛋時盡量選取尺寸一致的雞蛋，並且依雞蛋大小在6分半到7分半的烹煮時間中做調整。

一般最常見的溏心蛋是「醬油溏心蛋」，也就是這篇溏心蛋的作法，「溏心」指的是膏狀蛋黃，因此在定義上，水煮7分鐘的白煮蛋同樣是溏心蛋。在日本有不少的拉麵店使用白煮的溏心蛋，畢竟湯頭味道已經非常重了，不需要再醃漬雞蛋。而後續的醃漬方式也不僅有醬油一種，味噌、鹽麴也都是常見的口味，只要將原作法中的醬油換成適量的味噌或鹽麴冷泡即可，風味非常不一樣喔！

蛋 花

請試著將這個方式
應用在各種蛋花湯
料理吧！

麵攤風豬骨蛋花湯 p.194
家常番茄蛋花湯 p.190

當我們在做蛋花類的湯料理時，常常會把蛋液直接倒進滾沸的熱水
裡，這種作法容易產生結塊的蛋花。其實只要先把一勺滾沸的熱水
倒入蛋液中，並攪拌一下，再倒回熄火的湯中，就能做出好看又均
勻的蛋花。

〔材　料〕

雞蛋.............................. 1顆
滾水.............................. 1碗

〔作　法〕

1. 將1大勺的滾水倒入打勻的蛋液中。

2. 攪拌蛋液。

3. 蛋液倒回滾水中即完成。

滑蛋

番茄炒蛋 p.102

滑蛋牛肉飯 p.140

我曾經看過一位港式主廚在製作滑蛋蝦仁時，一片一片地煎出半熟蛋片，再拌進燴汁中，成品非常漂亮，但十分費工。有一個簡易的作法是，將蛋液倒在半濃稠的勾芡水上。一般料理過程中，會在最後勾芡的時候進行（例如p.140的滑蛋牛肉飯），不過，當鍋內有許多食材時，下蛋液容易破碎，先將滑蛋做好，再拌進料理之中也是一種方式。

〔材　料〕

水...................................... 80g

太白粉.......................1/2大匙

雞蛋............................... 2 顆

〔作　法〕

1. 將水和太白粉混合後，倒入不沾鍋內。

2. 加熱至呈現勾芡狀後，倒入打勻的蛋液。

3. 當底部開始熟化後，蛋液由四周往中間推，呈現半熟狀態即可盛出。

#基礎第二式：蒸蛋

許多國家都會將雞蛋用蒸的方式來做烹調，該搭配什麼食材、水的比例都不相同。書中的兩道都屬日式作法，水（高湯）的含量較高，做出來的蒸蛋美感與口感兼具，也是我最喜歡的蒸蛋方式。

玉子豆腐

玉子豆腐是經典的日式料理，它和蒸蛋有些類似，不過是利用比例較少的高湯做出類豆腐的口感，也就是常見的「蛋豆腐」。

一般會使用可分離的不鏽鋼模具，自己在家做時，可以找個方形容器並鋪上耐熱保鮮膜，蒸好後，再去掉四邊即可，或者像茶碗蒸一樣用瓷碗來做也沒問題。

〔材　料〕

昆布柴魚高湯（雞蛋的1.5倍）
.... 300㎖
醬油.............................. 2 小匙
清酒.............................. 1 小匙
雞蛋.............................. 4 顆
鮭魚卵（非必須）.............. 適量

〔作　法〕

1. 日式高湯加入醬油和清酒，攪拌均勻後，倒進打勻的蛋液中。

2. 將蛋液混拌均勻後，以濾網篩過，蒸出來的蛋豆腐質地會更細緻。

3. 蛋液倒入鋪上耐熱保鮮膜的模具中，上面蓋上錫箔紙後放入蒸爐，以90℃蒸約30~35分鐘。

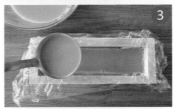

4. 取出玉子豆腐，切去四邊後切成適當大小，放進碗中，倒點稀釋過的醬油（薄薄一層），搭配鮭魚卵食用。

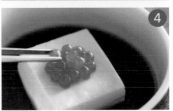

┤ Tips ├

• 如果家裡有噴槍，可以用它來消除蛋液表面的氣泡，蒸好後的表面會更平滑。另外，蒸的時候蓋錫箔紙可以防止水滴滴入，也是保持表面光滑的方式之一。

• 通常在做這種偏厚的蛋料理時，可以使用竹籤穿刺最厚的地方，以確認內部熟度，如果沒有沾附蛋液，就表示全熟了。

茶碗蒸

茶碗蒸就是日式蒸蛋，與台式蒸蛋相比，它的含水量較高，口感也較為軟嫩，最經典的傳統配料有香菇、蝦、雞肉、魚板和銀杏等。如果使用香菇和雞肉，則可用味醂、醬油和糖煮過調味。這次的配料以海鮮和蔬菜為主，大家可以自行選擇喜歡的食材搭配。

〔材　料〕

雞蛋.......................2顆
鹽.................... 1/2小匙
昆布柴魚高湯
（可用水替代）... 200㎖

〔配　料〕

蛤蜊.......................2顆
胭脂蝦...................2尾
蘆筍..................... 2根
紅蘿蔔.................. 2片

茶碗2個

〔作　法〕

1. 將雞蛋打勻，鹽加入昆布柴魚高湯後，倒入蛋液，攪拌均勻。

2. 在茶碗中放入蛤蜊，並以濾網將蛋汁緩緩倒入（留約2大匙蛋汁晚點使用），同時在大同電鍋中倒入一碗水預熱。

3. 將茶碗放入電鍋內，蓋上鍋蓋並留一個細縫，蒸約12分鐘。

4. 蒸蛋的同時將其他配料以加鹽的滾水煮約40秒後，撈起備用（煮的時間視食材調整），取出茶碗，將配料放入，倒入剩餘蛋液，續蒸約7分鐘。

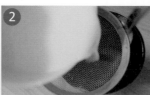

關於茶碗蒸的幾件事

Q：為什麼餐廳裡的茶碗蒸沒腥味又好吃？

前面曾提到為了增加茶碗蒸的嫩度，水分的比例非常高，相對來說，蛋味也會被稀釋掉，必須使用高湯來增加鮮甜味。如果想做出日式料理店的茶碗蒸，可以把湯頭換成具鹹度的罐頭雞高湯加上鰹魚風味調味料，味道便會非常濃郁。

Q：最佳的蛋水比例

為了做出豆花般口感的茶碗蒸，會用1份蛋兌上3~4份的水，我的計算方法是將一顆蛋打入一個中型茶碗中，再加水至八分滿，差不多就是最佳比例。假如沒有適合的茶碗，以一顆蛋來換算100g的水會比較好記。

Q：過濾蛋液是必要的動作嗎？

過濾蛋液的目的是濾掉蛋的「繫帶」以及無法打勻的濃蛋白，少了這個動作，在蒸蛋時會形成偏硬的蛋白影響到口感。

Q：為什麼電鍋要留縫隙？

蒸蛋的火力非常關鍵，旺火可能造成上下部位先熟，中間仍是蛋液，或因滾沸形成蜂窩狀的氣孔，讓蒸蛋吃起來老柴。使用電鍋可省去控制火力的問題，關鍵在於留縫隙讓蒸氣排出，避免因電鍋內部的高溫讓蒸蛋產生氣孔。如果家中有可控溫的蒸爐，那麼以85~90℃的溫度蒸16~18分鐘，茶碗蒸的口感會更加水嫩。

＃基礎第三式：醃蛋

醃漬是一種儲存食材的方式，利用高鹽分來延長食材的保存期限。此外，它還能改變食材的風味，前面介紹的醬油溏心蛋就是醃蛋的一種，不過，由於雞蛋中的蛋白質含量高，易於腐壞，即使是鹽度高的鹹蛋也不宜放置過久。

鹹蛋

雞蛋和鴨蛋都可以做成鹹蛋，不過鴨蛋黃較大顆，大多會選用鴨蛋來醃漬。

鹹蛋的醃製方式有鹽水法和紅土塗敷兩種，但紅土不易取得，醃製時間也較長，鹽水是相對簡便的作法。鹽分比例越高，醃漬時間越短，但成品鹹度不易掌控；鹽分太少也不行，蛋會腐敗變質，以4:1的水鹽比例醃製，然後放置陰涼處25日，就完成了。

醃漬好的蛋黃，就是中式酥餅和粽子所使用的鹹蛋黃（需再次泡鹽水並烘烤乾燥），整顆煮熟，便是一般常見的熟鹹蛋了。

〔材　料〕

鴨蛋（能以鹽水淹過的量）... 4~5顆

〔鹽水液〕

水.................................300mℓ
食鹽...............................80g
米酒............................. 1 小匙

〔作　法〕

將鴨蛋泡入鹽水液中放置陰涼
處，約25天後即可取出（視蛋
的大小調整）。

┌─ **自製鹹蛋會流油嗎？** ─┐

會的，蛋黃是否流油和醃製方式關係不
大，重點在於鴨蛋品質，也就是鴨蛋內有
多少的「脂肪含量」，脂肪含量越高的鴨
蛋，醃製後會產生較好的流油效果；另
外，增加鹽量以加速水分排出，也是一種
作法，但這樣做，可能造成蛋白過鹹，過
度脫水的蛋黃口感也更為乾硬。

＃基礎第四式：煎蛋

在基礎蛋料理中，「煎」是除了煮以外變化最多的方式，火力控制加上器具的利用，可以變化出多種不同樣貌的煎蛋，煎蛋其實非常有趣。

荷包蛋

如果說荷包蛋是第二家常的料理，那第一名大概就得從缺了，由於它鼓鼓的蛋黃與荷包有幾分相似，因而得名荷包蛋。現今荷包蛋則泛指兩面煎熟的雞蛋，蛋黃熟度可生可熟，端看自己喜歡什麼樣的口感。

荷包蛋好吃的秘訣在於足夠的油量，油量不足，煎出的蛋沒有香氣，使用鐵鍋這類導熱快的鍋具來煎，會比不沾鍋更為合適。

〔材　料〕

油................................ 1大匙

雞蛋............................. 1顆

〔作　法〕

鍋內下1大匙油，熱鍋後，打入1顆雞蛋，兩面煎熟即可起鍋。

┌ Tips ┐
翻面時，記得再補點油，香氣會更棒。

如果喜歡有焦邊的荷包蛋，雞蛋只煎單面即可，並採用淋油的方式來幫助上層熟化。

〔材　料〕

油...............................1大匙

雞蛋...........................1顆

┌ Tips ┐

使用圓底鍋具，例如中華鐵鍋因為是圓底，可讓鍋中的雞蛋邊緣較中間更薄，做出具焦邊的荷包蛋。

〔作　法〕

熱鍋後下雞蛋，以中小火持續煎單面，稍傾斜鍋子將熱油澆在雞蛋上，幫助上層熟化，持續煎到雞蛋出現焦邊。

太陽蛋

太陽蛋是我在早晨時，很喜歡做的一道蛋料理，除了那充滿朝氣的外觀外，如果盤內剛好有火腿、蔬菜等食材，半熟蛋黃還能充當醬汁蘸著吃呢！只要按照以下兩個步驟，就能煎出完美的太陽蛋。

〔材　料〕

油............................... 1大匙
雞蛋............................... 1顆

┌ Tips ┐
太陽蛋對於雞蛋的品質非常要求，新鮮的雞蛋蛋白濃稠，蛋黃也較為挺立，做出來的太陽蛋就會非常美味。

〔作　法〕

1. 雞蛋蛋白有兩種稠度，較稀的蛋白打入鍋內後會散開，無法做出集中且帶有厚度的太陽蛋，可先使用有洞的杓子過濾掉稀蛋白。

2. 以小碗盛裝濾掉稀蛋白的雞蛋，靠近煎鍋先下蛋白，待蛋白逐漸凝固後將蛋黃下在蛋白中央，以小火慢慢煎至蛋白完全凝固，即可起鍋。

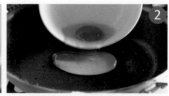

搖搖便當

石鍋拌飯是很有名的韓國料理，但不曉得大家知不知道韓國還有一款叫做「搖搖便當」的拌飯呢？

它曾經在韓國的社群中非常火紅，據說是一位小學生在上學時背著便當邊跑邊跳，到了午餐時，一打開便當，發現白飯全被泡菜染成了紅色，肉菜也都混在一塊，沒想到吃了一口後，發現竟然非常地好吃，慢慢的就在社群中流行起來。

照片中以經典的台式菜色來做搖搖便當，把蒜泥白肉、太陽蛋、炒高麗菜、青江菜和蘿蔔絲裝好後，用力的搖，打開後，就是很有趣的搖搖便當了。

搖晃前

搖晃後

看得出來左邊和右邊是同一個便當嗎？

麥當勞蛋

看到這種厚荷包蛋的第一印象應該就是麥當勞，因此我把它取名為「麥當勞蛋」。由於蛋本身有點厚度，煎的時候需加上少量的水分蒸一下，才會熟透。

〔材　料〕

油... 1大匙
雞蛋... 1顆

〔作　法〕

1. 準備好一個圓模，在圓模內部塗上食用油。

2. 以中小火熱鍋後，將雞蛋倒入圓模內。

3. 當蛋白開始凝固後，倒入約1大匙的水量，蓋上鍋蓋以小火燜煎，當雞蛋表面慢慢轉白，即可起鍋。

高湯玉子燒

玉子燒作法大解析！

在所有的基礎蛋料理中，玉子燒的技術成分較高，但只需多練習幾次，想做出漂亮的玉子燒並不難。做玉子燒需要一個方型鍋具，正統是銅製材質，不過若缺少熱鍋動作，很容易發生沾黏；家庭用途可以購買不沾材質的玉子燒鍋。成功做好一塊玉子燒時，會帶來滿滿的成就感喔！

〔材　料〕

雞蛋......................................5顆
昆布柴魚高湯（可用水替代）
....................................100㎖
味醂............................1大匙
醬油............................1小匙
鹽、糖......................1/2小匙

> **Tips**
>
> 營業用的玉子燒鍋會附上一塊木板，方便煎的時候塑型。我們可以使用木鏟來代替，每次捲起後輕輕將蛋捲壓平，最後的組織就會非常緊密好看。
>
>

〔作　法〕

1. 將雞蛋打入調理盆內，並加入其他食材攪拌均勻。

2. 玉子燒鍋熱鍋後，倒入1/4的蛋汁。

3. 蛋汁下層凝固時，往自己的方向將蛋皮折起，折好後往前推，取一片廚房紙巾沾油潤滑鍋內。

4. 再次倒入1/4的蛋汁，並重複作法3的動作，直到所有蛋汁用完。要注意每次倒入蛋汁時，需將玉子燒抬起，讓蛋汁可以流到下方。

5. 完成後分切成適當的大小，即可食用。

沒有玉子燒鍋嗎？
用一般平底鍋煎出厲害的玉子燒吧！

其實，使用一般平底鍋也可以煎玉子燒，以下是步驟分解圖，
與使用玉子燒專用鍋的作法差不多，只差在每次下完蛋汁後，
稍微塑形的步驟，試試看吧！

材　料

雞蛋.....................2顆	鹽.....................1/3小匙
冷水.....................50㎖	味醂.....................1小匙

作　法

1 在鍋子中央倒入少量蛋汁，接著，將左右兩側的蛋汁往中間撥，形成長方形的蛋皮。

2 在蛋皮半熟的狀態下，往自己的方向折起。

3 折好後往上推，取一片廚房紙巾沾油潤滑鍋內。

4 下第二次蛋汁，把兩旁的蛋汁往中間撥，記得將玉子燒抬起，讓蛋汁流到下方。

5 重複作法❶~❹直到蛋汁用完。

6 完成後，把四個邊裁切整齊，即完成。

厚蛋條

製作壽司必備的
厚蛋條由玉子燒
變化而來。

鮭魚壽司捲 p.154

一般來說,蛋條通常是製作壽司時才會用到,其他的應用相對較少。製
作厚蛋條有兩種方式,第一種是將蛋汁蒸熟後,再切成條狀;第二種就
是使用以玉子燒切成的蛋條,香氣會比用蒸的方式更好。

〔材　料〕

雞蛋................................5顆
昆布柴魚高湯(可用水替代)
....................................100㎖
味醂............................1大匙
醬油............................1小匙
鹽............................1/2小匙
糖............................1/2小匙

〔作　法〕

依照p.53的方法先製作好一個玉子
燒,切成約1公分寬的正方條,即
完成。

蛋皮與蛋絲

蛋皮和蛋絲是許多日式料理中，會應用到的基礎蛋作法。蛋皮除了應用在蛋包飯外，還可以做出計多創意料理，而蛋絲更是十分好用的內餡材料，舉凡壽司、飯糰以及春捲都可以看到它。

鮪魚玉子茶巾 p.106

〔材　料〕（使用 20 公分的平底鍋）
蛋液 1/2顆
當煎鍋越大時，使用的蛋液愈多

〔蛋皮作法〕

1. 雞蛋放入碗中，以筷子打勻。

2. 鍋內噴上少量食用油（或以紙巾塗抹）。

3. 冷鍋下蛋液，轉動鍋子讓蛋液均勻分佈。

4. 轉小火，讓蛋液慢慢熟成。

5. 當表面都凝固後，翻面稍微煎一下，蛋皮完成。

┤ Tips ├
如果要做出沒有蛋白塊的蛋皮，在打勻雞蛋後可以再將蛋液過濾，煎出來蛋皮色澤就會更加均勻。

散壽司 p.136

〔材　料〕　同蛋皮

〔蛋絲作法〕

1. 將煎好的蛋皮捲起。

2. 取適當的間距切成絲，蛋絲完成。

基礎第五式：炒蛋

基礎炒蛋中必學的就是西式炒蛋，大量奶油的使用，讓蛋液形成軟而不濕的
綿密口感，就連近年來餐廳常見的半熟蛋包飯，也是運用炒蛋技巧完成的，
炒蛋時火候非常重要，適時的離開火源，能夠做出更軟嫩的炒蛋。

經典
美式炒蛋

有吃過極致滑嫩
的炒蛋嗎？

這道美式炒蛋是我最愛的早餐
之一，奶香濃郁而且幾乎完全
不需要咀嚼。每次假日早晨享
用了這道炒蛋，一整天的心情
都會非常愉悅呢！

〔材　料〕

奶油...................................20g
雞蛋................................ 2顆
鹽.....................................1小撮
黑胡椒粉、乾燥巴西里碎..適量

┌ Tips ┐
這道料理柔軟的關鍵在於拌入蛋
汁中的奶油，它緩和了加熱狀態
下蛋汁的凝結速度，再者，離火
攪拌，讓這道炒蛋得以呈現出乳
化般的夢幻口感。

〔作　法〕

1. 奶油放入小碗中以微波爐加熱20秒呈
   流質狀後，打入雞蛋，以筷子拌勻。

2. 取一煎鍋於冷鍋時倒入雞蛋液，開小
   火加熱，並以湯匙在鍋內畫圓。

3. 當部分蛋液開始凝固時，先離火，繼
   續畫圓，不要讓蛋液太快成形，直到
   呈現出半流質狀態時，撒入鹽調味。

4. 持續畫圓到蛋汁開始黏底時，此時炒
   蛋應為軟綿乳化，而非流質或固體
   狀，熄火起鍋。

5. 撒上適量的黑胡椒粉和巴西里碎，完
   成。

歐姆蛋

鮮蔬歐姆蛋 P.64

歐姆蛋聽起來似乎有點難度，但如果把它當成炒蛋的一種，就簡單多了。歐姆蛋的內部是軟嫩的口感，外部則包覆著一層蛋皮，非常適合包入小塊食材。

〔材　料〕

雞蛋............................ 2顆
鹽.............................. 1小撮
黑胡椒........................ 2小撮
橄欖油...................... 1.5大匙
綜合起司絲 35g

┤ Tips ├

• 做這道料理時，要將注意力放在火候和起鍋時間。如果一開始的火力過大，雞蛋會馬上結塊而無法形成外硬內軟的蛋皮，起鍋時間太晚，也會產生內部過熟的問題。

• 煎歐姆蛋大多會用奶油來增加香氣，不過當內餡包了起司時，便可省略奶油，奶味過重會造成反效果。另外，起司本身帶有鹹度，通常就不需要再加鹽了。

〔作　法〕

1. 將2顆雞蛋加入鹽和黑胡椒後，以筷子打勻。

2. 鍋內倒入橄欖油後，開火加熱後倒入蛋液，以小火攪拌到約三分熟後，停止攪拌，讓下層逐漸凝固成蛋皮，此時上層仍為半熟狀態。

3. 撒入起司絲，並將蛋皮由兩側往中間對折後起鍋。

4. 餘熱會讓起司融化，切開後，裡層也非常軟嫩。

蛋塊與蛋鬆

日式二色丼 p.120

山藥蝦仁蛋鬆 p.86

蛋塊與蛋鬆是相同的東西，蛋塊較大，適合做番茄炒蛋和蝦仁炒蛋等料理。蛋鬆則是較小的蛋塊，在炒的過程中，用木鏟慢慢切成更小的蛋塊。後面的兩道食譜日式二色丼和山藥蝦仁蛋鬆都會用到它。

〔材　料〕

橄欖油 1大匙
雞蛋 2顆
鹽 1/3小匙

〔作　法〕

鍋內下少許的食用油，倒入打勻並加了鹽的蛋液，以中火炒熟即可。

把蛋塊當作一種冰箱常備料

蛋塊是我們平時煮飯時很常用到的半成品。其實炒過的雞蛋很耐放，只要事先把蛋塊一次做好，裝進密封盒內冷藏，放2~3天，甚至更久都沒有問題，要用時再一點一點取出，這樣　來，就可以縮短每天的備料時間囉！

黃金蛋酥

蛋酥滷白菜 p.168

許多台菜都會撒上蛋酥增香,像是滷白菜、米粉煲等,不過傳統炸蛋酥的方式並不適合一般家庭,除了需要大量的炸油外,也必須以網勺將蛋液拉高成絲淋入熱油中,技術門檻較高。「冷油炸蛋酥」的作法不需要準備整鍋的油,方法也很簡單唷!

〔材　料〕

食用油......... 約蛋量的3~4倍
全蛋.............................. 1顆
蛋黃............................1~2顆

┤ Tips ├

由於蛋白中的含水量高,若使用全蛋不僅需要很長的時間油炸,顏色也不漂亮,以1顆全蛋配上1~2顆蛋黃,就可以炸出蛋香濃厚的金黃色蛋酥了。

〔作　法〕

1. 鍋內下冷油不開火,直接倒入全蛋和蛋黃。

2. 開中小火,取一木鏟不斷在鍋內畫圓,避免升溫時,雞蛋結成大塊。

3. 當鍋內開始冒泡後,蛋酥的顏色會逐漸加深,當顏色轉為深黃時,就可以起鍋了。

4. 將蛋酥在餐巾紙上鋪平吸油,放涼後,非常酥脆。

Part 3

開啟美好的一天
元氣滿滿的蛋早餐

美好的一天從早餐開始,而一頓美好的早餐,就從雞蛋開始。黑松露與炒蛋是好麻吉?華麗的炸豬排歐姆蛋一點都不難?看完這篇你會發現,早餐原來可以非常澎派!

班尼迪克蛋

班尼迪克蛋不僅好看，味道也很誘人，在慵懶的假日早晨裡，在另一半剛睡醒時，端上這道蛋料理，一天都完美了！

〔材　料〕

市售英式瑪芬 .... 2片（1組）
火腿片 2片
黑胡椒粗粒（視個人口味增添）
.... 少許
水波蛋 .... 2顆（p.36）
荷蘭醬 .... 1~2大匙（p.24）
檸檬皮屑 .... 少許
乾燥巴西里碎 ..... 少許（可省略）
沙拉葉（依個人喜好）............ 1把
橄欖油 1大匙
帕馬森起司 2小匙

切開雞蛋的那一刻！

〔作　法〕

1. 將瑪芬麵包剖半後，放進烤箱烤至表面微乾即可取出，鋪上火腿片並撒上黑胡椒粗粒。

2. 把水波蛋堆疊在火腿上，淋上荷蘭醬。

3. 在蛋上方撒上檸檬皮屑和巴西里碎，簡單以沙拉葉當作盤飾，淋上橄欖油並刨點帕馬森起司，經典的班尼迪克蛋完成。

> ┤ Tips ├
> 想堆疊出好看的形狀，可先以圓模將瑪芬麵包和火腿切成相同大小的圓形，就是咖啡店的招牌早餐了。

香草鮮蔬歐姆蛋

這道料理使用的都是冰箱中常見的蔬果，尤其是洋蔥和彩椒這類食材往往無法一次使用完。隔天取出這些切剩的食材，搭配雞蛋就是很棒的早餐了！

〔材　料〕

雞蛋...........................2顆
鹽................................ 1/4 小匙
黑胡椒粗粒 1小撮
橄欖油...............................1 大匙
洋蔥丁、番茄丁................. 各1/4顆
黃椒丁....................................1/8顆

伍斯特醬（可省略）........... 1/2小匙
奶油...................................5g
甜羅勒（可用九層塔代替）...... 10片
蘑菇丁.................................3顆
巴西里.....................................少許

用冰箱的剩菜就能做出營養的歐姆蛋料理。

> **⌐ Tips ⌐**
>
> 由於2顆雞蛋的量並不多，建議使用20公分以下的平底鍋製作，避免下鍋後蛋液完全凝固，若鍋子較寬，可以使用3顆蛋以上的蛋量來製作。

〔作　法〕

1. 2顆雞蛋加入鹽和黑胡椒後打勻。

2. 熱鍋後，加入橄欖油，將切成片狀的蘑菇以及切成小丁的洋蔥、番茄和黃椒放入鍋內拌炒，加入一小撮的鹽（份量外）和伍斯特醬，起鍋放置一旁備用。

3. 鍋內下奶油，待融化後，倒入蛋液。

4. 以小火持續攪拌到五分熟後停止攪拌，讓下層凝固成蛋皮，而上層仍呈半熟狀。

5. 加入炒好的蔬菜丁、放入羅勒葉，然後將歐姆蛋折成半月形。

6. 起鍋，撒上巴西里末，搭配生菜和水果就是一頓完美早餐了。

蘆筍黑松露炒蛋

如果只能選擇一種調味料使雞蛋美味加倍，我推薦黑松露醬。雖然新鮮的黑松露價格高昂，但罐裝醬料卻很平易近人，在大賣場皆可買到。

萬能調味料
出場了！

〔材　料〕

洋蔥..........................1/4顆	黑胡椒粉 ....少許
蘆筍 2根	黑松露醬 2大匙
橄欖油 1.5大匙	雞蛋 4顆
鹽..........................1小撮	牛奶..........................75㎖

〔作　法〕

1. 洋蔥順紋切成條狀，蘆筍切除底部的粗纖維，鍋內加入橄欖油，熱鍋後，將兩者放入鍋內拌炒。

2. 蘆筍撒上少許鹽與黑胡椒粉（份量外），煎熟後取出，鍋內加入松露醬與洋蔥稍微拌炒，接著倒入與牛奶混勻的蛋液（此時鍋內溫度不可太高）。

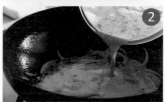

3. 以木鏟不停地在鍋內畫圓，若蛋液凝固太快，則離火畫圓（同美式炒蛋作法），撒入鹽和黑胡椒粉調味。

4. 當蛋液呈現半熟狀態後，即可起鍋盛盤，放上一小匙的黑松露醬（份量外），擺上煎香的蘆筍。

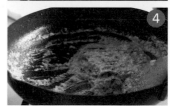

雞肉春蔬厚蛋捲

一道我私藏的
創意蛋捲料理。

利用壽司捲法稍加變化就能做出
漂亮的日式蛋捲，這道料理不僅
長得討喜，味道也非常棒喔！

〔材　料〕

去骨雞腿肉 100g
綜合彩椒 1/4顆
蘆筍 2根
青蔥 1根
紅蘿蔔 1小塊
食用油 1大匙

雞蛋...4顆
醬油...1/2大匙
味醂...1大匙
黑胡椒粉 1小撮
鹽...1/3小匙

〔作 法〕

1. 把雞腿肉去皮切成小塊，彩椒及蘆筍切成小丁，青蔥切末，紅蘿蔔切成細末。

2. 鍋內下1大匙的食用油，熱鍋後加入雞腿肉、蘆筍和彩椒拌炒，接著下醬油、味醂及少許黑胡椒粉，炒熟後熄火。

3. 當炒料稍微降溫後，連同青蔥和紅蘿蔔一同倒進裝有雞蛋的調理盆中，加入鹽，以筷子攪拌均勻。

4. 取玉子燒鍋製作厚蛋燒。先在鍋內下少許油燒熱，倒入蛋液後鏟起下層熟化的蛋，讓未熟的蛋汁接觸鍋底，當整個蛋塊呈現半熟狀態後，蓋上鍋蓋，以小火慢慢燜煎。

5. 當上層蛋汁不會流動後，取一個盤子將蛋塊倒扣，再滑入鍋中煎熟另一面。

6. 將厚蛋燒倒在竹簾上，表面放上海苔片。

7. 請參照p.154的壽司捲法將厚蛋燒捲起，接著以橡皮筋固定竹簾，等待15~20分鐘讓蛋捲定型後，切塊裝盤。

Tips

若沒有玉子燒鍋，可使用約20公分的平底小煎鍋，讓生蛋液在鍋內保持約1公分的厚度，成形後捲起來的大小適中。

營養雞蛋飯餅

對小家庭來說，剩飯是每天都會遇到又難解的問題，來分享一個我常用來解決剩飯的料理——「雞蛋飯餅」，即使在忙碌的早晨，做起來也非常快速。

家中的罐頭放了很久？
來做這道營養雞蛋飯餅！

〔材　料〕

雞蛋 2顆
溫米飯 150g
低筋麵粉 2小匙

肉醬罐頭 60g
韭菜 1.5大匙

〔作　法〕

1. 雞蛋2顆打入調理盆中,以筷子打散,接著將米飯倒入打勻的雞蛋中,加入麵粉繼續拌勻,另將韭菜切末。

2. 倒入瀝除醬汁的罐頭肉燥,和韭菜末拌勻。

3. 鍋內下一點油,舀出一大勺的雞蛋飯液,平鋪在鍋內(圓形模具非必要),以中小火煎至兩面熟即可。

┌ Tips ┐

用肉醬罐頭味道會比較足夠,如果家裡有鮪魚罐頭也可以,但記得要先把油瀝掉。在吃飯餅時,可以搭配混合桔子汁的酸甜醬油,非常好吃。

洋芋火腿蛋沙拉

這道洋芋火腿蛋沙拉美味的要訣，即沙拉要選用日式美乃滋。與台式美乃滋相比，它的甜度低且帶著明顯酸度，和雞蛋、馬鈴薯等食材混合時，意外地清爽不膩口，在各大賣場都可以購入。

部落格中的
超人氣食譜！

〔材　料〕

紅蘿蔔	1小塊
小黃瓜	1/2條
雞蛋	3顆
火腿	2片
馬鈴薯	2顆

〔調味料〕

日式美乃滋	4~6大匙
鹽	2小匙
黑胡椒粉	適量

〔作　法〕

1. 紅蘿蔔切小丁後，下鍋汆燙至半熟取出；小黃瓜去頭尾，切成0.2公分薄片汆燙約10秒後，撈起瀝乾水分；雞蛋煮至全熟；火腿切小丁備用。

2. 馬鈴薯去皮後切塊，冷水下鍋煮，鍋內放入食鹽（份量外），煮到如圖中筷子能夠輕易插入的狀態，即可起鍋。

3. 雞蛋剝除殼，將蛋黃和蛋白分開，蛋白切成小塊狀備用。將蛋黃和所有調味料一起加入薯泥中，用湯匙搗碎馬鈴薯。

4. 薯泥拌勻後，試一下味道調整成個人偏好的鹹度和酸度，接著加入蛋白丁、紅蘿蔔丁、小黃瓜片和火腿丁，輕輕拌勻。

┐ Tips ├

◆ 包在可頌中，就是經典的蛋沙拉可頌，請務必試試看。

◆ 撈起來的馬鈴薯不需要放涼，在溫熱狀態時搗碎，可幫助水氣散發，也更容易與調味料融合。

雞蛋沙拉三明治

超級經典款的日式三明治。

不曉得大家在日本旅遊時有沒有發現，日本沒有街邊早餐店，多數時候早餐就是超商三明治。而這道雞蛋沙拉三明治就是最經典的一款，也是我個人排行榜中的第一名，濃厚的蛋香加上微酸沙拉，完全是絕配。

〔材　料〕

水煮蛋 .... 2顆　　　室溫奶油 .. 適量（抹2片吐司的量）

日式美乃滋 .... 3大匙　　　鹽 1小撮

牛奶吐司 .... 2片　　　黑胡椒粉 .... 適量

〔作　法〕

1. 依照p.32的作法完成水煮蛋後，剝除殼後放入小碗中，以叉子壓碎雞蛋（不需要過碎，保留蛋白粗粒，口感較佳）。

2. 將雞蛋與鹽、黑胡椒粉和日式美乃滋，用叉子拌勻備用。

3. 牛奶吐司稍微烘烤過後，在表面塗上室溫奶油。

4. 先在一片吐司上塗滿雞蛋沙拉，取另一片吐司蓋上。

5. 吐司去邊後，直接對半切或沿著對角線切成三角形，都很好看。

Tips

• 烘烤過的吐司較容易切邊，也多了一股烘烤的香氣，而傳統的日式三明治則不烘烤，口感非常柔軟，兩種方式都可以嘗試看看。

• 日式沙拉的口味偏酸並帶有濃厚的鹹鮮味，台式沙拉相對偏甜，若只有台式沙拉，可以加入少量白醋拌勻，以平衡甜味。

巧克力雲朵蛋吐司

學生時期，有陣子早餐總是「巧克力醬吐司夾蛋」，忘記這是菜單上的餐點還是我的客製化早餐，總之老闆一看到我，就熟練地下顆蛋然後抹一份巧克力吐司。焦香微鹹的煎蛋配上烤過的巧克力醬，儘管外表有些突兀，味道卻會讓人上癮。我把蛋白打發成雲朵狀放在巧克力吐司上，這下連外表也搭了吧！

〔材　料〕

雞蛋 2顆	奶油 ....適量（抹2片吐司的量）
檸檬汁 ....少許（可省略）	巧克力醬 ....適量（抹2片吐司的量）
吐司 2片	鹽 ....少許

76

像不像一顆從雲朵中升起的太陽呢？

┌ Tips ┐
- 少許的檸檬汁或白醋可以幫助蛋白打發，省略不放一樣也可以打發蛋白。
- 如果沒有食用生蛋黃的習慣，可以在蛋白烤到一半時，放入烤箱加熱。

〔作　法〕

1. 將雞蛋的蛋黃和蛋白分別放在兩個調理盆內。

2. 蛋白加入少許檸檬汁後，用電動攪拌器打發，打至蛋白霜撈起不會滑落的狀態即可。

3. 將打發後的蛋白放在烘焙紙上，大約是一片吐司的大小，中間挖洞，接著放進預熱好的烤箱，以180℃烤10分鐘。

4. 趁著空檔，取兩片吐司各塗上一層奶油和巧克力醬，把吐司放在烤盤上送進烤箱，烤至吐司微焦即可。

5. 將烤好的蛋白移到巧克力吐司上，放上蛋黃，並撒一點點鹽提味。

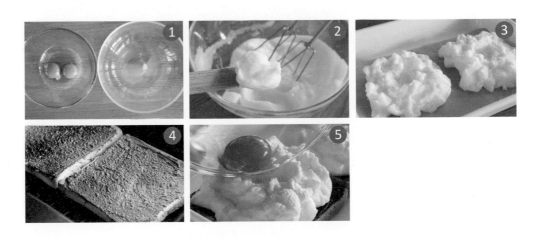

法式拖鞋吐司

一般法式吐司通常使用白吐司，但最適合的其實是拖鞋麵包和法棍，傳統歐式麵包的水分少，更容易吸收蛋汁。早期的法式吐司是為了不浪費放到變硬的麵包，又不想委屈味蕾，而誕生的一道聰明料理。

〔材料〕

牛奶.. 30㎖

雞蛋......................................2顆

拖鞋麵包（可用切片法棍取代）...4片

鹽......................................1小撮

糖粉.. 少許

蜂蜜.. 適量

這才是正統的法式吐司！

〔作法〕

1. 將牛奶與雞蛋放入深盤中，加入鹽，以
   筷子混合均勻，切下數片拖鞋麵包後，
   泡在蛋液中靜置30分鐘，期間翻面數
   次。

2. 以中小火將麵包兩面煎到出現焦紋即
   可，火力不可過大，以免外焦內生。

3. 起鍋後，撒上少許糖粉，可搭配蜂蜜、
   楓糖漿或果醬一起食用。

┤ Tips ├

• 靜置是為了讓麵包能夠完全地吸飽蛋汁，
  也可在前一晚先泡蛋汁，放入冰箱冷藏備
  用，隔天就可以直接煎囉！

• 佐上一球冰淇淋，也很適合當成下午茶！

歐姆蛋豬排吐司

炸豬排看起來不好操作,但其實真正炸的時間只有3~4分鐘。這道早餐是我常去的早餐店中的招牌餐點,炸豬排和歐姆蛋的組合,美味程度肯定超過你的想像,一起來看看怎麼做吧!

奢華型早餐
非它莫屬。

〔豬排材料〕

豬里肌肉 .... 1片(厚度2公分)

雞蛋(裹粉用) 1顆

低筋麵粉(平鋪約三塊豬排大小)

....適量

麵包粉(平鋪約三塊豬排大小)..適量

〔其他材料〕

洋蔥 1/8顆

番茄片 4片

萵苣 2片

雞蛋 2顆

吐司 2片

番茄醬、美乃滋..................各1大匙

┌ Tips ┐

如果擔心用油偏多,可以選擇較小的鍋具減少油量,或者僅倒入豬排一半高度的油量來油炸,不過因為豬排未完全泡在油中,油炸時間也會更長。

〔作　法〕

1. 洋蔥切絲，番茄橫切成片，萵苣洗淨備用。

2. 將2顆雞蛋以筷子打勻後下油鍋，快速畫圓鏟起底部的熟蛋。

3. 當蛋液達5分熟後，將四個邊往中間折，形成一個正方形，起鍋備用。

4. 切一片厚2公分的豬里肌肉，以刀劃開邊緣的白色筋膜後，取肉鎚敲打。

5. 在盤子內分別倒入低筋麵粉、麵包粉及蛋液，豬排依麵粉、蛋液、麵包粉的順序均勻地裹上麵衣。

6. 油溫預熱到170℃，豬排下鍋炸3分半鐘。

7. 取兩片吐司，以燒烤盤烤到出現焦紋即可。

8. 將兩片吐司其中一面塗上美乃滋，並於一片吐司上分別放萵苣、番茄，番茄醬、洋蔥、歐姆蛋和豬排後，蓋上另一片吐司。沿著斜對角切成兩半，具有飽足感又好吃的歐姆蛋豬排三明治即完成。

完成！

完美炸豬排指南

在本書食譜中有兩篇與炸豬排相關的
料理,所以這邊來討論一下關於炸豬
排的小知識。炸豬排可以使用豬肉的
大里肌或者小里肌(腰內肉),小里   參考影片▶
肌的肉質細且肉味相對明顯,大里肌則是用途最廣泛的豬排肉,
接受度高,至於選用哪個部位就看個人喜好。

從豬身上取下里肌肉後,會有一面覆蓋白膜,需在豬肉外圍白色
的地方,每隔 1 公分處垂直劃刀做斷筋的動作。沒斷筋的豬肉
加熱後會捲起,形狀不好看,接著搥打豬肉破壞肉的方向性,
炸出來的肉質才會軟嫩。另一種作法則是不搥打,但必須縮短約
20~30 秒左右的油炸時間讓裡層以餘熱熟化,若炸的時間過長,
豬排就會硬到很難入口。而剛炸好時食用是最嫩的,冷掉或者放
隔夜肉質就會開始轉硬。

在過三關(麵粉、蛋液和麵包粉)的部分,麵粉和蛋液薄薄沾上
一層即可,最後的麵包粉裹上後再用手掌壓實,接著可用兩指或
牙籤取起豬排放入油鍋,避免用夾子大範圍碰觸豬排,容易整塊
掉粉;最後在炸的時候,豬排周圍接觸的油量會比中間多,顏色
也會較中間深,將豬排稍微往油中下壓就可以解決這個問題。注
意以上幾點,你也可以炸出完美的豬排。

Part 4
營養好吃的
便當蛋料理

便當菜不僅要兼顧營養，還必須耐放，成品含水量最好不要太多…這章涵蓋了我曾經做過的便當菜，經典的三杯、糖醋、紅燒、魚香一項都沒少，你全部都學會了嗎？

三杯皮蛋

最下飯蛋料理！

做三杯雞會加入水和醬油燜煮，好讓雞肉入味，之後勾芡讓醬汁掛在肉上，而三杯皮蛋只需讓醬汁扒附在外層即可。書中以醬油膏取代醬油，其中的澱粉和糖分省去了收汁和放糖的動作，只要煮好醬料，拌入皮蛋即可。

84

〔材 料〕

皮蛋 4顆
地瓜粉 .... 可覆蓋皮蛋的量
麻油 2大匙
老薑 .... 7~8片
蒜頭 5瓣

醬油膏 1.5大匙
米酒 1大匙
水 3大匙
九層塔 .... 適量

〔作 法〕

1. 將整顆皮蛋放入電鍋中蒸熟，剝去外殼後，一顆剖開切成6片。

2. 皮蛋均勻地裹上一層地瓜粉後，取起輕輕甩去多餘的粉末。

3. 起一油鍋（份量外），待油溫燒至170℃時下皮蛋，炸到表皮呈現淡黃色後撈起。也可以用少量的油，以半煎炸方式翻炒到上色。

4. 另起一平底鍋倒入麻油，以中小火煏薑片，當薑片周圍捲起後，下蒜頭繼續煏到微焦。要注意若火力過大，麻油會燒焦轉苦。

5. 倒入醬油膏、米酒和水，煮滾後先試一下味道，如果醬油膏偏鹹，可補點砂糖（份量外），最後加入皮蛋拌炒到收汁。

6. 放入九層塔，盛盤。

山藥蝦仁蛋鬆

色彩繽紛的蛋料理。

這道菜在炒的過程中，蛋鬆已經吸收滿滿的醬汁和蝦味，再搭配清爽的山藥，口感和味道都非常平衡。

〔材　料〕

蒜頭.................................... 2瓣
青蔥.................................... 2根
山藥.................................... 100g
白蝦.................................... 7隻
蛋鬆.................................... 1顆蛋量

雞高湯（可用清水替代）......120㎖
鹽.................................... 1/2小匙
味醂.................................... 2小匙
黑胡椒.................................... 少許
香油.................................... 少許

〔作　法〕

1. 蒜頭和青蔥切末（分開蔥白和蔥綠），山藥去皮、蝦子去殼後切成小塊狀，並依照p.59的方法先製作好蛋鬆。

2. 鍋內下一大匙的油（份量外），爆香蔥白及蒜末，加入山藥塊拌炒後，倒入雞高湯。

3. 加入白蝦塊拌炒，下鹽和味醂調味。

4. 倒入事先炒好的蛋鬆，以少許黑胡椒和香油提味後，就可以起鍋了。

吻仔魚海苔蛋煎

我上市場買菜時，經常遠遠的就會聞到煎蛋的香味，再往前走才發現賣吻仔魚的老闆正在煎吻仔魚蛋，因此每次在準備女兒的食物時，就會想到這個組合。我習慣再加點海苔和青蔥，非常營養。

營養滿點的蛋料理。

〔材　料〕

海苔絲 .... 2小片　　吻仔魚 1大匙
青蔥 .... 1/2根　　醬油 .... 少許
雞蛋 .... 2顆　　　鹽 1小撮
油 1大匙

〔作　法〕

1. 海苔切成細絲、青蔥切花，放入調理盆中，接著打入雞蛋，加入吻仔魚、醬油和鹽，以筷子將所有食材拌勻。

2. 在煎鍋內下一大匙的食用油熱鍋，此時可用筷子沾少許蛋液測油溫，看到蛋液冒泡後凝固，就代表現在是適合下鍋的溫度了。

3. 倒入蛋液，當下層帶點焦色後，翻面續煎，至兩面都煎到呈漂亮的焦黃色後，即可起鍋。

肉末魚香烘蛋

魚香醬是使用豬絞肉做成的中式醬汁，添加了多種的辛香料，醬香味濃厚而且非常下飯，把這個醬汁的作法學起來，用在各種料理上都很適合。

無敵下飯的魚香醬汁，
絕對要學起來！

〔材　料〕

食用油	3大匙	鹽	1小匙
雞蛋	3顆	糖	2小匙
		醬油	2大匙
〔魚香醬〕		水	4大勺
青蔥、辣椒	各1根	白醋	1大匙
薑末	1小匙	豬絞肉	100g
蒜末	2小匙	太白粉水	適量

〔作　法〕

1. 將青蔥、薑和蒜分別切末，辣椒剖半去籽後切末，並將鹽、糖、醬油、水和白醋調成一碗醬汁。

2. 在鍋內放入少許油，熱鍋後倒入絞肉炒至半熟，倒入切成末的辛香料。

3. 持續拌炒至聞到香味後，倒入作法1事先調好的醬汁。

4. 讓鍋內滾煮一下，將火轉小，倒入太白粉水拌到適合的濃稠度，魚香醬汁即可盛起備用。

5. 另起一個鍋子熱鍋下油，倒入拌勻的雞蛋。

6. 雞蛋呈現焦褐色後翻面，轉中小火讓雞蛋內部繼續熟化（可用筷子穿刺最厚的部位，確認裡頭是否還有生蛋液）。

7. 起鍋盛盤，表面淋上魚香醬汁，完成。

┤ Tips ├

作法6翻面時，先倒扣在盤子上再放回鍋內，會比直接翻鍋容易成功。

奶油金瓜炒蛋

這道菜大家可能比較少做，但味道非常棒。如果覺得生南瓜不好切，不妨先把它蒸到半熟後，再來切。

無敵下飯的
便當菜！

〔材　料〕

食用油	2大匙	水	4大匙
栗子南瓜	1/4顆	醬油	2小匙
雞蛋	3顆	味醂	2小匙
鹽	1/2小匙	奶油	1小塊
砂糖	1小匙		

〔作　法〕

1. 將南瓜去皮後，切成細條備用，雞蛋打入調理盆中，加入鹽和砂糖，以筷子拌勻。

2. 起油鍋，倒入南瓜條稍微拌炒一下。

3. 接著加入水、醬油和味醂煮至軟，鍋內殘餘的水分與南瓜澱粉會自然形成芡汁。

4. 南瓜煮軟後，加入一小塊奶油增加香氣，接著倒入蛋液，蛋液開始凝固後輕撥數下。由於起鍋後的熱度仍會持續加熱，當鍋內還留有少量半熟蛋液時起鍋，完成的炒蛋會更滑口。

皮蛋地瓜葉

炒地瓜葉常會遇到的一個問題，就是少了鮮味，而皮蛋本身所含的鮮味成分剛好補足了葉菜類的缺點，因此，只要在炒地瓜葉時，加入一兩顆皮蛋，不需要任何人工甘味，就能變出一盤鮮甜的地瓜葉。

皮蛋與蔬菜的
完美組合。

〔材　料〕

蒜頭 2顆		地瓜葉 200g	
辣椒 1/2根		水 .... 150㎖	
皮蛋 2顆		鹽 1小匙	
食用油 4大匙			

〔作　法〕

1. 將蒜頭及辣椒切末；皮蛋去殼，切成小塊狀。

2. 鍋內下足量的食用油後，加入蒜末和辣椒爆香。

3. 加入地瓜葉，翻炒均勻，添加清水，將火力轉為大火。

4. 鍋內放入皮蛋，稍微按壓一下，讓皮蛋黃與水乳化，加入鹽，待地瓜葉軟化後即可起鍋（過程不需太久）。

如何炒出翠綠不黑的地瓜葉？

其實方法很簡單，一是足夠的油量，這點對於炒大部分蔬菜來說，都是一樣的，由於蔬菜內不含油脂，若油量不足，炒熟的蔬菜接觸到空氣氧化後就會反黑，因此，在翻炒地瓜葉時，請讓地瓜葉均勻地接觸油脂後，再下水分。第二點則跟火力有關，當鍋內加入水分後，要轉大火，讓地瓜葉快速軟化，一旦水煮的時間過長，地瓜葉的顏色就不翠綠了。

家常滷蛋

這道菜我一直很想取名叫
做「大珠小珠落玉盤」⋯

一般來說，滷蛋多半會和肉類一起滷，但如果冰箱只有蛋怎麼辦？試試油蔥酥吧！油蔥酥是以豬油炸紅蔥頭誕生的台式家常調味料，只要加入滷汁中，就可以滷出鹹、鮮、香的滷蛋了。

油蔥酥就是滷汁內的美味秘訣！

〔材　料〕

雞蛋.........................5顆
鵪鶉蛋.....................15顆
油蔥酥.....................2大匙
蒜頭.........................4顆
醬油.........................100㎖
米酒.........................50㎖

清水.........................300㎖
砂糖.........................4小匙
蔥段.........................1根
八角.........................1顆

〔作　法〕

1. 將雞蛋（煮10分鐘以上）和鵪鶉蛋（煮7分鐘以上）煮熟後剝去外殼，熱鍋放入油蔥酥和蒜頭，拌炒一下。

2. 鍋內倒入醬油和米酒嗆鍋，然後加入水及砂糖，再放入熟雞蛋。

3. 加入蔥段及八角，蓋上鍋蓋，計時40分鐘。

4. 經過15分鐘後，放入鵪鶉蛋，並將雞蛋未浸到醬汁的部分翻面。

5. 熄火冷卻後，放入冰箱冷藏一晚，隔天加熱再吃更美味。

┤ Tips ├

鵪鶉蛋俗稱「鳥蛋」，營養價值很高，生鮮超市有賣煮熟的鵪鶉蛋，市場或小農市集也能買到新鮮的生鵪鶉蛋，生蛋水煮7分鐘就可以了。

五花肉、香菇、鵪鶉
蛋與豆輪的組合。

紅燒四味

小時候，外面賣的紅燒肉總會加入鵪鶉蛋和豆輪，是現在少見的組合。這幾種食材都非常耐煮，很適合紅燒，滷到入味的鵪鶉蛋加上吸飽湯汁的豆輪，組成記憶中的家鄉味。

〔材　料〕

鵪鶉蛋	15顆	辣椒	1根
乾香菇	6朵	米酒	3大匙
豆輪	15~20顆	醬油	5大匙
五花肉	300g	砂糖	3小匙
八角	1顆	水	淹過食材即可
青蔥	2根	香油	少許

〔作　法〕

1. 鵪鶉蛋煮熟備用，乾香菇泡水（香菇水留用），豆輪泡水去掉多餘油脂，若放置時間較長可改成汆燙，效果會較好，蔥切開成蔥白和蔥綠備用。

2. 五花肉切成塊狀後，入鍋乾煸出豬油。

3. 瀝出多餘豬油，香菇擠乾水分後，切半放入，同時放入八角、蔥白和辣椒煸出香氣。

4. 沿著鍋邊加入米酒嗆香，並刮下鍋底焦化物，接著放入醬油、香菇水和砂糖。

5. 放入蔥綠、鵪鶉蛋及豆輪後加水淹過食材，蓋上鍋蓋煮約35分鐘。

6. 開鍋後，倒入少許香油，擺盤並淋上醬汁。

紅蘿蔔炒蛋

紅蘿蔔經過油炒後，生味就會轉換成濃厚的甜味，我喜愛紅蘿蔔的原因或許就是
因為這道兒時媽媽常炒的料理 。

媽媽們一定要
學會的菜式。

〔材　料〕

紅蘿蔔..................1小條（約200g）	雞蛋..........................2顆
青蔥............................2根	醬油..........................1小匙
食用油........................1.5大匙	太白粉........................1小匙
鹽............................ 1/4小匙	胡麻油........................適量
水............................1大匙	

〔作　法〕

1. 用刨絲器將紅蘿蔔削成絲，將青蔥的蔥白和蔥綠分開，切成蔥花。

2. 熱鍋後下食用油，接著，蔥白和紅蘿蔔一同下鍋，以中火拌炒。

3. 作法2撒上鹽，並加入一大匙的水，蓋上鍋蓋將蘿蔔絲燜軟。夾起紅蘿蔔絲確認一下彎度，紅蘿蔔要炒軟後甜味才會釋出。

4. 在打散的蛋液中加入醬油和太白粉，倒入鍋中後稍微撥動一下，當蛋約七分熟就可以下蔥綠並熄火，餘溫會讓剩下的蛋熟透，起鍋前，淋上少許的胡麻油（香油）提味。

┤ Tips ├

◆ 蛋液下鍋後不要馬上撥它，等到部分蛋液固化後，再順著同一方向撥動，成形會比較漂亮。

◆ 這道菜紅蘿蔔是主角，不需要放太多的蛋，吃下去滿滿都是紅蘿蔔的鮮甜。

番茄炒蛋

你知道蕃茄炒蛋怎麼做的好吃嗎？

番茄和雞蛋是家常菜中最經典的組合，只要有足夠的時間燜炒出茄紅素，即使沒放番茄醬，也能產生濃郁的酸香風味。

〔材　料〕

青蔥............................2根　　雞高湯............................80㎖

番茄............................2顆　　鹽............................1/2小匙

香油............................1.5大匙　　砂糖............................ 1小匙

醬油............................2小匙　　滑蛋............................ 3顆蛋量

〔作　法〕

1. 鍋內下香油，煸香蔥白末後，加入切成
   小塊狀的番茄拌炒。

2. 蓋上鍋蓋，以中小火燜煮約3分鐘。

3. 開蓋，倒入醬油和雞高湯，接著以鹽、
   糖調味。

4. 加入滑蛋（參考p.41製作滑蛋）和蔥綠
   末，熄火，拌一下即可起鍋。

┤ Tips ├

• 先完成滑蛋，再拌入番茄的方式，成品的外觀
  會比較漂亮。另一種作法是在番茄勾芡後（需
  使用較多的高湯），再倒入蛋液，等雞蛋稍微
  成形，再從外側往內翻拌數次，熟練後，也能
  做出漂亮的番茄炒蛋。

• 除了一般常見的牛番茄，產季時市場上也可以
  看到黑柿番茄，用它煮出來的酸甜感更具古早
  味。

糖醋虎皮蛋

今天要來做很好吃的糖醋料理「糖醋虎皮蛋」，這道菜在宴客時，也完全可以撐得住場面喔！

美味又好看的
蛋料理。

〔材 料〕

洋蔥	1/4個	砂糖	6小匙
紅椒	1/3顆	白醋	4大匙
黃椒	1/3顆	水	100㎖
鵪鶉蛋	20顆	太白粉水	適量
番茄醬	4大匙		

〔作 法〕

1. 將洋蔥和甜椒分別切成片狀；鵪鶉蛋下滾水，煮7分鐘後撈起，去殼備用。

2. 熱一鍋油，鵪鶉蛋下鍋，炸至呈現虎皮狀後，撈起；洋蔥和彩椒過油後，撈起備用。

3. 另起一鍋，加入剛使用的炸油少許，下番茄醬稍微炒過，加入砂糖、白醋和水，煮至小滾。

4. 下太白粉水，勾芡到能夠扒住食材的稠度，如圖中以湯匙劃開不會立刻收合。

5. 將鵪鶉蛋、洋蔥和甜椒倒回鍋中，混拌均勻後，即完成。

鮪魚玉子茶巾

利用蛋皮做成的玉子茶巾不僅簡單還非常喜氣，在除夕夜和家人一起動手做做看這道菜吧！

你知道蛋皮還能這樣運用嗎？

〔材　料〕

鮪魚罐頭 .... 2罐（300g）

鹽 1小匙

黑胡椒粉 2小匙

桂冠沙拉 1/2條

小蛋皮 .... 6張（約3顆雞蛋份）

熟水蓮 .... 數根

〔作　法〕

1. 鮪魚罐頭瀝去油汁後，倒入調理盆中加入鹽、黑胡椒粉和沙拉醬，以湯匙攪拌均勻。

2. 依照p.56作法製作蛋皮，接著鋪上適量的鮪魚內餡。

3. 將蛋皮往中間收成茶巾狀。

4. 取一條事先燙好的水蓮在蛋皮上綁蝴蝶結，即完成。

雞蛋炒苦瓜豆腐

做起來簡單味道卻很豐富的沖繩鄉土菜。

雞蛋、豆腐與苦瓜的特殊組合，源自日本沖繩的一道傳統料理，某次在當地吃到時，才發現它的獨特魅力。

〔材　料〕

苦瓜 .... 1/2條　　　蠔油 2大匙

雞蛋 .... 2顆　　　　清酒、味醂 各1大匙

蒜頭 .... 3顆　　　　涓豆腐（可用板豆腐代替）...... 1塊

水 .... 100㎖　　　香油 .... 少許

〔作　法〕

1. 將半顆苦瓜對切再對切，先用湯匙挖去苦瓜籽，再用刀去除內部白膜，切成細條狀。

2. 在煎鍋內下少許油後，打入2顆雞蛋炒散。

3. 作法**2**加入蒜頭及苦瓜拌炒。

4. 加入水並蓋上鍋蓋，將苦瓜燜熟。

5. 開鍋蓋，加入蠔油、清酒和味醂，若鍋內水分不夠，可補入少許水分，拌炒一下後，用手將豆腐捏成小塊加入。

6. 豆腐會吸收湯汁，當湯汁收到差不多後，滴入少許香油後，裝盤。

┤ Tips ├

苦瓜內的白膜為苦味的主要來源，去除乾淨可以大幅降低苦味。苦瓜用白玉苦瓜或青苦瓜都可以，前者的苦味較低；豆腐可選擇俗稱「涓豆腐」的嫩豆腐或板豆腐，烹煮時較不容易散開，建議不要用盒裝的火鍋豆腐，非常不耐炒。

農家蔥煎土雞蛋

我心目中永遠的米其林三星料理。

幼時寒暑假都會回客家庄住一陣子,當時最喜歡的料理,第一是客家封菜,第二就是煎土雞蛋了。採下自家種的蔥,到後院拿幾顆剛生下的土雞蛋,鐵鍋內下豬油,雞蛋與蔥末以大火煎香,食材越簡單,材料的新鮮程度越重要。

〔材 料〕

豬油............................ 6大匙　　鹽............................ 1小撮

雞蛋.....4顆（小土雞蛋可放到6顆）　　醬油............................依喜好加入

青蔥............................ 1~2大把

〔作 法〕

1. 青蔥切花後放入雞蛋內，加入鹽，以筷子打散，鐵鍋內先燒熱4大匙的豬油。

2. 鍋內出現油紋後下蛋液，當底部成形，後提起鍋子繞圈打轉，讓底部表面均勻受熱。

3. 等到焦香後，沿著鍋邊補下2大匙的油，翻面續煎至熟。

4. 起鍋，加入醬油就完成了。

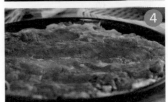

┤ Tips ├

若雞蛋先打勻才放入青蔥，濃蛋白會不容易打散，因此，需先將青蔥倒入雞蛋後，再作打勻的動作。

┤ 為什麼我的蔥蛋總是不夠香，也不夠膨？ ├

使用動物性油脂如豬油，能賦予這道料理更多的香氣。第二是油的用量，當油量過少時，不僅不會產生香氣，雞蛋接收了鍋子的高溫容易過焦，也不會膨起。最後是火力的控制，蛋液下油鍋時，若鍋內的溫度足夠，雞蛋自然就會膨起。另外，也可以在蛋液內先放入少量的冷油，在受熱過程中，有助於讓雞蛋變得更蓬鬆。

八香茶葉蛋

最香蛋料理！

茶葉蛋一共使用了8種中藥行皆可購得的香料，以花椒、八角為主香，量會多一些，其他香料則各抓一小撮，滷出來的茶葉蛋非常香，請務必試試看。

〔材　料〕

雞蛋.....................................10顆
冷水.. 放入鍋中可淹過雞蛋的量
紅茶茶包.............................4包
醬油............................80~100㎖
鹽.....................................2小匙

〔綜合香料〕

花椒、八角 各約1g
丁香、白豆蔻、小茴香、桂皮、
甘草、陳皮.. 各少許(總重約10g)

┌ Tips ┐
茶葉蛋需經過冷熱交替煮泡，才會入味，耐心等待，是煮出好吃茶葉蛋的關鍵。

〔作　法〕

1. 將8種香料打碎裝入空茶包內，雞蛋洗淨，後鈍端用湯匙輕敲出裂痕（煮的過程中，裂痕會再變大）。

2. 把雞蛋放入倒好冷水的鍋內（淹過蛋），煮滾後放入紅茶茶包、醬油、鹽及香料包，轉小火續煮。

3. 約半小時後取出紅茶包，並檢查蛋殼裂痕，若裂縫不夠可再補敲，煮一段時間後放冰箱冷藏，隔天繼續煮，共約12~16小時才夠入味。

Part 5
吃飽吃巧都可以的
好滿足主食

在白天忙碌的工作後，晚餐絕對是越簡單、越快速越好。這時只要冰箱有蛋，就能搭配不同食材做出各式丼飯和麵食，雞蛋對料理人來說，真是一個迷人又可愛的角色呀！

大和麻油蛋麵線

這道料理使用了大和芋（日本山藥），在日式料理中，習慣將山藥泥和著冷麵線吃，口感絲滑柔順，而山藥和麻油更是相配的食材組合，誰說家常的麻油雞蛋麵線不能變出新口味呢？

試試看這道我私藏的麵線料理。

〔材　料〕

枸杞	10多顆	雞蛋	1顆
米酒	30ml	日式素麵	1束
日本山藥（大和芋）	適量	雞高湯（罐頭）	300ml
黑麻油	1.5大匙	清水	300ml
老薑片	7~8片		

〔作　法〕

1. 將乾枸杞放入米酒中浸泡；日本山藥去皮後，磨成泥備用。

2. 鍋中下麻油後，熱鍋放入薑片，以小火煸到捲曲即可。

3. 薑片移至鍋旁，並在鍋內打入1顆雞蛋，將雞蛋兩面煎至焦香。

4. 作法3沖入雞高湯和清水煮滾。

5. 在此選用的是日本素麵，水滾後直接下鍋煮1分鐘即可；如果使用的是傳統白麵線，可先用水沖洗一下，去除過多的鹽分。

6. 起鍋前，倒入泡過枸杞的米酒點香，麵線裝碗，枸杞和山藥攪合後，直接淋在麵上即完成。

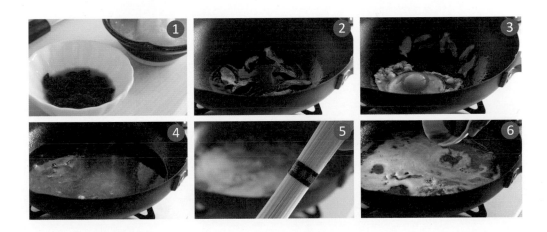

┌ Tips ┐

• 把薑片切成薄片後再煸，會更容易煸透、食用時的味道也較溫和；若薑片過厚，煸好後，內部可能還是處於生的狀態，吃起來辛辣感很重。

• 煎過的雞蛋不用取起，將煎蛋與高湯一起煮湯，會更好喝。

元祖番茄蛋包飯

現今當紅的蛋包飯或許是淋上牛肉醬或咖哩醬的「半熟蛋」蛋包飯，其實在二、三十年前，提到蛋包飯就是淋上番茄醬的「蛋皮」蛋包飯，從街邊小吃到高級日本料理店裡，賣得都是它。即使飲食文化越來越豐富，這種蛋包飯仍然在很多地方都能看得見，今天就來重現這個酸酸甜甜的兒時味道吧！

一款比「小時候蛋包飯」更美味的蛋皮加厚版蛋包飯。

〔材　料〕

洋蔥..........................1/4顆	黑胡椒.......................... 1小撮
火腿..........................1片	〔蛋　包〕
奶油..........................1小片（約10g）	雞蛋..........................3顆
白飯..........................1碗	鹽..........................1小撮
番茄醬..........................1大匙	食用油..........................1大匙
鹽..........................2小撮	

〔作　法〕

1. 將洋蔥切末，火腿切成小方塊狀。

2. 在炒鍋內放入奶油，融化後加入洋蔥末及火腿塊炒香。

3. 加入白飯拌炒一會兒後，將炒飯撥至一旁，在鍋子中央倒入番茄醬，將飯與番茄醬炒勻，然後加入鹽和黑胡椒調味。

4. 盛起番茄炒飯備用，另取一調理盆內打入蛋，加入一小撮鹽後，以筷子打勻。

5. 鍋內放入食用油，熱鍋後倒入蛋液，以筷子持續攪拌畫圓到蛋液呈現五分熟時，將炒飯鋪在蛋皮上。

6. 炒飯包入蛋皮中盛在盤子上，淋上番茄醬（份量外）後完成。

┤ Tips ├

當番茄炒飯鋪在蛋皮上後，將盤子以45度角靠在煎鍋上，炒飯滑入盤中後就會自然地捲進蛋皮內。或是將炒飯先盛在盤子內，直接蓋上蛋皮也非常好看。

天津炒飯

天津飯也叫作蟹玉丼（かに玉丼），起源有兩種版本，一個是位在東京的來來軒，另一處則是大阪的大正軒，兩地的芡汁也有所不同。關東使用類似糖醋醬的黑芡汁，關西則是淋上醬油芡汁；不論是關東風或者是關西風，天津飯的組成都相同，由白飯、蟹肉煎蛋以及芡汁所組成，是不是有點像我們的滑蛋燴飯呢？

天津吃不到，去日本才有的天津炒飯！

〔材　料〕

青蔥... 2根
雞蛋..2顆
蟹肉棒..1條
白飯..1碗
鹽.. 1/2小匙

〔芡　汁〕

水... 150㎖
青豆仁..............約2大匙（可省略）
醬油..2大匙
蠔油..1大匙
紹興酒（可用米酒代替）........1大匙
細砂糖、香油 各1小匙
黑醋.............................. 1/2大匙
太白粉水 .... 勾芡至適當濃度

〔作　法〕

1. 將蔥白和蔥綠切末（部份蔥白可切絲最
   後裝飾用），雞蛋2顆打散，蟹肉棒切
   成適當大小。

2. 起油鍋，先下蔥白末爆香，接著放入白
   飯拌炒，飯炒鬆後加入蔥綠續炒，起鍋
   備用；接著，將蟹肉條加入蛋汁和鹽，
   入油鍋兩面煎熟後，夾起蓋在飯上。

3. 另起一鍋煮芡汁，倒入水和青豆煮至微
   滾，加入醬油、蠔油、紹興酒、糖和香
   油，攪拌後，以太白粉水勾芡至適當濃
   度，拌入少許黑醋。

4. 在蛋飯上淋上芡汁，再擺上蔥絲裝飾，
   天津炒飯即完成。

日本家常的二色丼

這次的肉燥大家可能比較陌生，它是日式肉燥「肉味噌」。在日本，肉味噌可以用來包飯糰、夾生菜，或者當成烏龍麵的鋪料，其實它與白飯也是絕配，辛香料從台式肉燥中的蒜頭蔥頭換成了大量青蔥，並使用白味噌來滷煮，在它清淡的色澤下，藏著濃郁的味覺反差感，請一定要試試看。

〔材　料〕

青蔥	2根	味醂	1大匙
香油	1大匙	水	100㎖
豬絞肉	300g	白味噌	1大匙
細砂糖	4小匙	七味粉（可省略）	少許
清酒（可用米酒代替）	2大匙	蛋鬆（參考p.59）	鋪上飯碗的量

網友跟著做的NO.1人氣食譜「そぼろ丼」，是一道肉燥加上蛋鬆的雙色蓋飯！

〔作　法〕

1. 將青蔥切成末，蔥白與蔥綠分開擺放。

2. 鍋內下少許的香油後，下蔥白炒香。

3. 放入豬絞肉炒散，當絞肉香氣出來後，放入清酒、糖、味醂和水煮至小滾。

4. 將味噌放在網勺內，入鍋慢慢以湯匙抹至化開。

5. 以中火煮約5~10分鐘收汁成微微黏稠狀，七味粉可在此時加入，起鍋前再加入蔥綠。

6. 在白飯上鋪肉味噌和事先準備好的蛋鬆，即完成。

日式薑燒牡蠣蓋飯

這道蓋飯先以薑水煮牡蠣、澆入蛋汁，再撒上提味去腥的韭菜末，每次吃完都覺得特別滿足，自己煮牡蠣不計成本，請盡量放吧！

渾圓飽滿的牡蠣特別鮮甜。

〔材　料〕

清水................................120㎖		糖................................1/2小匙	
薑片................................3片		鹽................................1/2小匙	
牡蠣（蚵仔）................10~12顆		雞蛋................................2顆	
蠔油................................1大匙		韭菜末................................10根	
香油................................1小匙		白飯................................1碗	

122

〔作　法〕

1. 煎鍋內倒入水，放入薑片，滾煮約3~5分鐘煮出薑味。

2. 作法1放入牡蠣，接著加入蠔油、香油、糖和鹽攪拌均勻，稍微收汁後取出薑片。

3. 雞蛋2顆打散，於鍋中倒入約2/3的蛋汁煮一下，加入韭菜末後，再倒入剩餘的蛋汁，當蛋汁呈現半熟狀態即可起鍋。

4. 白飯盛入碗裡，淋上薑燒牡蠣即完成囉！

┤ Tips ├

媽媽們有時會擔心牡蠣沒熟，把牡蠣煮過頭導致縮水。其實當牡蠣下鍋煮後，很短的時間內就會開始緊縮而變得更加飽滿，這就是起鍋的最佳時機。

進階版的貓飯~

吻仔魚溫泉蛋蓋飯

越簡單的日式家庭蓋飯，在繁忙的日子裡越能突顯它的美味，平常我會把食材一層一層地鋪到熱飯上，扣除小魚就是著名的日式「貓飯」了。

〔材 料〕

青蔥......................1/2條	醬油...................... 1大匙
吻仔魚...................... 35~40g	熟白芝麻 .... 2~3小撮
白飯...................... 1碗	溫泉蛋 .... 1顆（p.34）
柴魚......................鋪滿白飯的量	海苔片 .... 2~4片

〔作 法〕

1. 青蔥切末，吻仔魚以熱水汆燙後，撈起放在紙巾上瀝乾。

2. 取一個飯碗裝滿白飯，撒上柴魚片後，淋上醬油（即為著名的「貓飯」）。

3. 鋪上已經處理好的吻仔魚，再撒上白芝麻及青蔥，中間放上溫泉蛋，碗邊插入海苔片，一道美味蓋飯就完成了。

┤ Tips ├

• 市售的吻仔魚通常已經煮熟了，不過因經大量加工的關係，可能殘留雜質及其他種類的小魚蝦，在使用前最好以熱水再燙一次，吃起來更安心。

• 再跟大家分享一個做貓飯的小訣竅，柴魚片取出後，先將一部分捏碎淋醬油鋪在飯上，再撒上片狀柴魚，味道會更有層次喔！

豆腐雞蛋蓋飯

豆腐和雞蛋幾乎是冰箱裡最常見的食材，大家有想過光這兩項食材也能做出一道有模有樣的美味蓋飯嗎？作法真的很簡單，請一定要試試看。

如果冰箱只有豆腐和雞蛋怎麼辦呢？

〔材　料〕

洋蔥	1/8顆
青蔥	1/2根
豆腐	1/2塊
白飯	1碗
雞蛋	2顆
海苔絲（可省略）	依個人喜好
七味粉（可省略）	依個人喜好

〔蓋飯醬汁〕

清水	80mℓ
鰹魚醬油	40mℓ
味醂	10mℓ

〔作　法〕

1. 將洋蔥順紋切絲，青蔥切末；在平底鍋內倒入蓋飯醬汁的所有材料後，加入洋蔥煮滾。

2. 豆腐以湯匙直接挖取後，放入醬汁中煨煮。

3. 將雞蛋打散，並倒約2/3的量到鍋中。

4. 當蛋液熟了以後，再倒入剩餘雞蛋，此時觀察鍋內，第二次倒入的蛋液約五分熟時，撒上青蔥後，熄火。

5. 煮好後倒在飯上，撒上海苔絲和七味粉後完成。

┌ Tips ┤

用湯匙挖豆腐，除了方便外，所形成的粗糙面更能吸附醬汁。

芙蓉豆腐天津飯

p.118所介紹的天津炒飯還可以有許多變化，將炒飯換成一般白飯，另外在芡汁中加入蛋豆腐，它與蟹肉非常合拍，是一道非常簡易的創意居家料理。

天津飯的各種變化～
雞蛋豆腐版本。

〔材　料〕

桂冠蟳味棒 3條

雞蛋.................................2顆

鹽.................................1/2小匙

白飯.................................1碗

蔥綠絲（可省略）........依個人喜好

〔豆腐芡汁〕

雞蛋豆腐 1盒

香油、糖 各1小匙

水.................................150㎖

醬油.................................1.5大匙

蠔油、黑醋 各1大匙

太白粉水.............勾芡至適當濃度

〔作　法〕

1. 將蟳味棒剝成細絲。

2. 雞蛋豆腐切成小正方體。

3. 雞蛋打入調理盆內，放入蟹肉絲和鹽攪拌均勻。

4. 煎鍋內下少量香油，熱鍋倒入蟹肉蛋液後，以筷子不斷地畫圓攪拌，當蛋液約七到八分熟，起鍋覆蓋在白飯上。

5. 另取一個鍋子，倒入除了雞蛋豆腐和太白粉水外的芡汁材料煮滾，勾芡到適當稠度後，下雞蛋豆腐拌勻。

6. 將豆腐芡汁澆淋在雞蛋飯上，上面以少許蔥絲來配色。

炸豬排丼飯

每當晚餐出現炸物時，餐桌上的氣氛總會變得更熱絡活潑。

炸豬排的味道非常強烈，搭配清爽的柴魚醬汁剛剛好。這道炸豬排丼飯吃起來非常有飽足感，請務必試試看這道丼飯。

〔材　料〕

洋蔥.. 1/4顆
里肌肉（厚度約1.5~2公分）...........1片
低筋麵粉 ....可覆蓋豬排表層的量
麵包粉 ....可覆蓋豬排表層的量
雞蛋.........................2顆（1顆裹粉用）
白飯..1碗

七味粉、蔥絲（可省略）.. 依個人喜好

〔丼飯醬汁〕

柴魚昆布高湯 .... 100㎖
醬油...1.5大匙
清酒（或米酒）.........................1大匙
味醂 1大匙

〔作　法〕

1. 洋蔥切絲，里肌肉外圍的白筋以刀斷開（避免油炸時捲起）。

2. 里肌肉依序裹上低筋麵粉、打勻的蛋液和麵包粉（俗稱的過三關）。

3. 起一鍋油（份量外），當油溫到達170℃時放下豬排油炸，單面炸到金黃後翻面，兩面金黃即可起鍋切塊，過程約3分鐘。

4. 另起一小煎鍋，加入丼飯醬汁所有材料，放入洋蔥絲，以中火煮滾。

5. 當醬汁煮滾時放入豬排，接著分兩段淋上蛋液，第一次倒入的蛋汁熟後，再倒入剩餘蛋汁，半熟即可起鍋。

6. 將豬排連同醬汁蓋在白飯上，撒上少許七味粉，放上蔥絲即完成。

┤ Tips ├

• 過三關時，最後的麵包粉要壓緊實，炸好後才不容易掉皮。

• 如果沒有溫度計，可在油鍋內撒入少許麵包粉，若麵包粉起泡且緩慢變色，就是適合的溫度了。

唐揚炸雞親子丼

我很喜歡在家製作炸雞，而且一次都會炸多一點分裝冷凍起來，偶爾只想簡單吃頓飯就會煮個雞蛋，搭配準備好的日式炸雞，就是一道好吃的唐揚親子丼了。

有著迷人香氣的
炸雞版親子丼。

〔材　料〕

去骨雞腿肉	1片（約200g）
麵粉	足夠包覆雞肉的量
清水	1大匙
鰹魚醬油	1匙
味醂	1/2匙
柴魚片	少許
雞蛋	1顆
白飯	1碗
高麗菜絲	依個人喜好

〔雞肉醃漬材料〕

醬油	1/2匙
米酒	1匙
清水	1匙
太白粉	1匙
胡麻油	1小匙

〔作　法〕

1. 將雞腿肉分切成小塊,並放入混勻的醃漬材料中,靜置20分鐘後,將醃漬好的雞肉放入麵粉裡,覆蓋麵粉後,以手壓實,接著抖去多餘的麵粉,重複這個步驟2~3次,直到雞肉表面均被麵粉均勻地包覆。

2. 將油溫預熱至180℃,放進雞腿塊炸約2分鐘,呈現金黃色後即可起鍋。

3. 另起一個煎鍋,倒入水、鰹魚醬油、味醂和柴魚片,煮至小滾後,倒入打勻的蛋液,接著以木鏟將底部凝結的蛋刮開,讓生蛋液接觸鍋面,等到蛋液呈現半濃稠狀的五分熟狀態時,即可起鍋。

4. 將雞蛋連同醬汁淋在飯上,放上唐揚炸雞和高麗菜絲,完成。

┤ Tips ├

炸雞可概略分成乾粉炸和濕漿炸兩種,兩種炸雞都可以很酥脆,差別在於調粉和油溫。乾粉炸時,使用低筋麵粉調合少許的太白粉或地瓜粉,有助於增加脆度。

高麗菜肉絲蛋炒飯

醬油可以提供炒飯醬香氣，卻不是主要的鹹味來源，只用醬油炒出來的飯醬色太重，若想把飯炒得乾淨好看，應該以鹽來調整鹹度，少量醬油來提升香氣。另外，使用像是鰹魚醬油這類的調味醬油，味道層次也會比一般的醬油豐富許多。

必念炒飯口訣：
以鹽決定鹹度，以醬油增加香氣。

〔材　料〕

食用油..............................1大匙	鹽 1/2小匙
雞蛋..............................1顆	鰹魚醬油（可用一般醬油）.....1大匙
豬肉絲..........................40g	
溫飯 ....1 碗（約200g）	
高麗菜絲............................1小把	

〔作　法〕

1. 中大火熱鍋下油，待油溫升起後打入雞蛋（若使用平底鍋，可如圖中將鍋子傾斜集中油後，再下蛋）。

2. 以鍋鏟將雞蛋切碎，當雞蛋開始起泡後，下肉絲拌炒至表面有熟色。

3. 鍋內倒入白飯，使用鍋鏟將白飯往鍋緣四周推開，過程中以前推後拉的方式甩動鍋子。如果無法甩鍋，可用鏟子敲散鍋內的飯塊，再慢慢拌炒。

4. 下高麗菜絲，翻炒均勻。

5. 將火力轉小後，加入鹽，沿著鍋邊倒入醬油，轉大火，快速翻炒幾下後起鍋。

┤ Tips ├

‧ 炒飯時雞蛋不必打勻，下鍋後再拌幾下即可，蛋白與蛋黃分開才能產生濃厚的香氣。

‧ 如果要加入高麗菜這類的葉菜，要等到起鍋前才放，以保留脆度，同時也能補充炒飯所流失的水分。

散壽司

散壽司過去是壽司屋將魚切下來的邊角料再利用的料理，豐富且多變的食材吃起來別有一番風味，用料可以很隨意。鮭魚、鮪魚、魚卵、蛋絲、小黃瓜等，都是很常見的食材，如果無法取得生食級的鮭魚和魚卵，可以改成用蛋絲、海苔、蝦子、熟魚肉來替換，同樣非常澎湃美味。

餐廳級的散壽司
在家也能做！

〔材　料〕

玉子燒 .... 1塊（作法請見p.53）	白醋 .... 60㎖
生食級鮭魚 200g	白砂糖 .... 3~5小匙
桔子 ....4~6顆	白飯 2米杯
細香蔥 2根	醬油漬鮭魚卵 約3大匙
白蝦 5隻	

〔作 法〕

1. 將玉子燒切成正立方體，鮭魚也切成同
等大小，桔子對切、細香蔥切末備用。

2. 白蝦去殼後以竹籤串直，放進加鹽滾水
中汆燙 30 秒後撈起，並放入冰水（份
量外）中降溫，將蝦腹切開成片狀，即
完成備料。

3. 製作醋飯。白醋與砂糖以約 2:1 的份量
調和，即為壽司醋。白飯煮好後盛入較
大的盆中，趁熱將調好的醋緩慢倒入，
另一手將飯切鬆（避免壓飯，以免飯粒
結塊）。

4. 待醋飯放涼後，將所有的材料均勻地鋪
在醋飯上就完成了，還可以配上山葵醬
轉換口味。

┤ Tips ├

醋飯本身是沒有鹹味的，可將醬油和山葵拌入飯
中，也可以夾一口飯和料蘸少許醬油食用，或者
在做醋飯的糖醋水中，加入少許鹽。這道食譜中
的醬油漬鮭魚卵已經提供了足夠的鹹度，如果缺
少這項食材，可依上述方式添加鹹味。

減醣版螃蟹羹蛋麵

一般來說，羹麵的熱量都非常高，為了無負擔地享受美食，這次選用了減醣麵，並使用藕粉取代太白粉來達到勾芡的效果，加上羹裡多種蔬菜所煮出來的自然甜味，減醣也能很美味。

減醣一樣能吃到夜市熱門小吃。

〔材　料〕

乾香菇 4朵	蟹肉條 100g
紅蘿蔔 30g	蓮藕粉 .... 適量
黑木耳 1片	減醣麵（可換成油麵）.............. 1份
冬筍 .... 50g（可用竹筍替代）	
蒜頭 1顆	〔調味料〕
香油 1.5大匙	醬油 1.5大匙
雞骨高湯 .... 1000㎖	鹽 1小匙
海菜 20g	米酒 2大匙
雞蛋 1顆	白胡椒粉 1/4小匙
	烏醋 .... 少許

〔作　法〕

1. 乾香菇事先泡水至軟，將紅蘿蔔、木耳、竹筍和泡水香菇切成細絲，蒜頭切末。

2. 起一個大炒鍋，下少許香油熱鍋，加入蒜末爆香後倒入香菇絲、紅蘿蔔絲和木耳絲炒至香氣出來。

3. 接著，倒入雞高湯和泡香菇的水，加入筍絲和海菜，煮至鍋內小滾。

4. 加入調味料的醬油、鹽和米酒。雞蛋加一大匙的水（份量外）打勻後，從高處倒入鍋內形成蛋花，再放入蟹肉條。

5. 將蓮藕粉與水（份量外）調合，加入湯內攪拌，調整至個人喜好的濃稠度。

6. 將麵燙好夾至食用碗中，加入蟹肉羹湯，依偏好加入白胡椒和烏醋，完成。

港式滑蛋牛肉燴飯

我用的是富含油脂的牛小排，經過炒煮後仍舊非常軟嫩，不需要加入澱粉抓醃。
一般超市分切好的牛肉片通常是腿肉等瘦肉部位，這時可以取食材中部分的蠔
油、醬油以及少許的水抓醃，這手法稱為「打水」，然後撒上少許太白粉，這樣
煮好的牛肉才會軟嫩喔！

一道充滿黃酒香
氣的牛肉燴飯。

〔材　料〕

青蔥 1/2條	熱水 .... 250㎖
洋蔥 1/4顆	鹽 1/2小匙
雞蛋 1顆	醬油 1大匙
香油 1大匙	太白粉水 .... 勾芡至適當的濃度
牛肉片 70g	小白菜 1小把
紹興酒 .... 2大匙（可用米酒替代）	白飯 1碗
蠔油 2大匙	

〔作　法〕

1. 先將青蔥切末，洋蔥切絲，雞蛋打散。鍋內倒入香油熱鍋，放入洋蔥絲，接著倒入牛肉片（不用等洋蔥炒軟，以筷子拌炒）。

2. 以紹興酒熗鍋，讓這道料理最後多一股黃酒香味。

3. 倒入蠔油拌炒一下，並加水煮滾。

4. 以鹽調味、醬油調色，接著放入蔥末。

5. 以太白粉水勾芡到帶有濃度後，從高處緩緩倒入蛋液，剛入鍋時不要攪拌，先讓蛋定型後再去撥動它。

6. 加入小白菜拌一下，就可全倒在白飯上享用了。

┤Tips├

• 完成後，多淋上1小匙純芝麻油，香氣會更棒。

• 要記得滑蛋的蛋液都是在勾芡之後才加入，蛋液成形後會比較好看。

黃金玉米炒飯

絕對粒粒分明的
黃金蛋炒飯。

炒飯要炒散最簡單的方式是在白飯中加入一顆蛋黃，雖然會少一點香氣，不過風味卻很特別。金黃色的炒飯加上金黃色的玉米，像不像漫畫中會出現的炒飯呢？

〔材　料〕

青蔥................................ 1~2根　　鹽.................................1/2小匙

雞蛋................................ 1顆　　　黑胡椒粗粒 1/4小匙

冷飯................................ 1碗　　　玉米粒 2大匙

食用油 1大匙

〔作　法〕

1. 青蔥將蔥白及蔥綠分開，各別切末，接著在小碗內打入雞蛋，撈出蛋黃與冷飯拌勻。

2. 取一煎鍋熱油後，倒入蛋白後迅速炒開。

3. 加入蔥白與拌勻的蛋黃飯，以大火炒至鬆散。

4. 以鹽、黑胡椒調味，加入玉米粒及蔥綠炒勻後，即可起鍋。

┤ Tips ├

• 蛋黃先加入飯中，就可以炒出粒粒分明的炒飯。

• 將蛋白分開炒的香氣會比整顆蛋打勻時更明顯，當油量不多時，可將鍋子傾斜一個角度，便於集中拌炒。

溫泉蛋烏龍雲吞溫麵

這道雲吞溫麵是之前為露營準備的簡便料理，只要在前一天煮好醬汁，連同溫泉蛋和炒香的芝麻櫻花蝦冷藏保存，到營地後燙個烏龍麵，加入冷醬汁即可，非常方便。

冷醬汁的柴魚味更突出！
熱麵與冷醬汁的絕妙組合。

〔材　料〕

芝麻	2小匙
櫻花蝦	2大匙
雲吞	2顆
魚蛋	1顆
烏龍麵	1份
豆苗	1小把
溫泉蛋	1顆（依照p.34製作）

〔醬　汁〕

水	600㎖
味醂	1大匙
醬油	2大匙
砂糖	1小匙
鹽	1/2小匙
香油	1/2小匙
柴魚片	1大把

〔作　法〕

1. 將全部醬汁材料下鍋煮滾後熄火，燜泡10分鐘後，撈除柴魚。

2. 待醬汁稍微冷卻後，裝瓶放涼（可冷藏保存）。

3. 將白芝麻和櫻花蝦下鍋乾炒，當芝麻變成金黃色後，起鍋備用。

4. 起一鍋水（份量外）煮滾，放入雲吞、魚蛋和烏龍麵，煮熟起鍋。

5. 烏龍麵盛入碗後，放入作法**4**的雲吞、魚蛋和豆苗並加入醬汁，再撒上芝麻櫻花蝦，打入一顆溫泉蛋就完成了。

經典義式培根蛋黃麵

培根蛋黃麵（Carbonara）是一道源自義大利且歷史悠久的義大利麵，正統的義大利培根蛋黃麵不使用鮮奶油，而是利用麵的餘熱使蛋黃呈現半生熟來達到乳化效果。只使用四項食材，像是一道拌了輕醬汁的義大利麵，夏天吃，也不會膩口。

〔材 料〕

鹽.......................................1/2小匙

培根...3片

義大利寬麵..........................200g

蛋黃...3顆

黑胡椒粗粒 1/3小匙

帕瑪森乳酪 ....可覆在麵體上的量

〔作 法〕

1. 備料如圖，接著起一鍋熱水，加入鹽（份量外），義麵下鍋煮的時間約10分鐘，或者直接參考包裝上的時間。

2. 培根切成小片狀，鍋內放入少許油（份量外）煎香後起鍋待用（鍋子不用清洗，等等會用到）。

3. 煎培根和煮麵的同時，將蛋黃分離取出，與鹽、黑胡椒和帕瑪森乳酪拌勻。

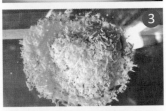

4. 麵起鍋後倒入作法**2**的炒鍋內，加入一到兩大匙的煮麵水，與培根油拌勻，接著將麵加入作法**3**的蛋汁並快速攪勻，最後再拌入培根，將麵撈起擺盤，刨上細乳酪絲即可。

┌ Tips ┐

• 作法1中煮麵水加鹽的目的是要讓麵本身有基本的鹹度，鹽的用量大約是略高於平時喝湯的鹹度。

• 蛋黃在70℃以上會開始凝結，約65~70℃的溏化狀態才是我們要的效果，因此，拌入蛋黃時的溫度非常關鍵，麵必須處在離火狀態下，加入蛋黃並快速攪拌，如果出現結塊，可能是溫度太高了，若無法順利扒附麵體，則代表溫度過低囉！

這才是正統的
義大利培根蛋黃麵。

鮭魚親子茶泡飯

茶泡飯是一道簡易的家庭料理，有著一股溫暖的魔力。在日本的應酬文化中，在續攤幾家居酒屋後，會以一碗茶泡飯當作一天的結尾。

〔材　料〕

昆布............. 1~2片（長度約5公分）	滾水...600㎖
鮭魚.................................2小塊	白飯...1碗
黑胡椒粉...........................1小撮	細蔥花.....................................1小匙
柴魚.................................1小把	海苔絲.....................................少許
鹽.....................................1小匙	鮭魚卵.....................................2小匙
烏龍茶葉...........................2小匙	山葵醬.....................................1小匙

〔作 法〕

1. 昆布先泡冷水15分鐘，放在火爐上煮滾並撈除昆布，昆布水轉小火加熱備用。

2. 將一整塊鮭魚的魚皮和魚刺去掉後，切下兩小塊鮭魚。

3. 鍋內下少許的食用油，鮭魚下鍋煎到兩面焦香並撒上少許鹽（份量外）及黑胡椒粉，起鍋備用。

4. 取一個有濾網的茶壺，在濾網內放入柴魚片及鹽後，以熱昆布水沖泡，靜置備用。

5. 另取一個茶壺，放入烏龍茶葉，以滾水沖泡備用。

6. 在白飯上撒入細蔥花及海苔絲，擺上鮭魚塊及鮭魚卵，再從碗邊沖入一半的熱茶和一半的作法4高湯，最後放入山葵醬即完成。

Tips

• 這次的配料是鮭魚，改成梅子就是梅子茶泡飯、放生鯛魚片就是日本嵐山出名的"鯛茶漬け"了，大家可以試試看不同的配料，味道完全不一樣喔！

• 茶的部分選用未經發酵的綠茶、煎茶或者輕焙烏龍茶來做都很適合，茶包也沒問題。

▲可參考影片說明

簡易親子丼飯

一只電磁爐就能完成的必學蛋料理！

親子丼是我學生時很喜歡的一人料理，當時沒有廚房不適合爆香，便習慣了先煮醬汁再放洋蔥的作法，其實不爆香反而更有日式風味。

〔材　料〕

洋蔥 1/8顆

蔥白 1根

去骨雞腿肉 150g

白飯 1碗

雞蛋 2顆

〔親子丼醬汁〕

清水 .... 80㎖

鰹魚醬油 .... 40㎖

味醂 .... 10㎖

〔作　法〕

1. 將洋蔥順紋切絲，蔥白切斜段，雞腿肉切塊；熱鍋倒入混勻的親子丼醬汁，接著加入洋蔥和蔥白煮滾。

2. 加入雞腿肉，持續以中火煮到雞肉熟化變白，若水分蒸發過多，可再補入少許水分。

3. 將2顆雞蛋拌個幾下後，先加入一半到鍋內。

4. 當作法3的蛋液熟後，再倒入剩餘雞蛋，此時鍋內的蛋液約五分熟即可起鍋。

5. 連同醬汁一起倒入飯上，即完成（我另加燙過的油菜花做為裝飾）。

┌ Tips ┐

• 雞蛋不需要過度打勻，讓丼飯上看起來有蛋白和蛋黃兩種質感。蛋液分兩次下則是為了增加滑嫩的口感，大部分的日式丼飯都可以這樣做。

• 鰹魚醬油是一種調味醬油，使用一般的醬油也沒問題，只要將清水換成柴魚高湯就可以了。

醬香豬肉醬油拉麵

經典的醬油口味拉麵，使用高湯罐頭和鰹魚醬油調合湯頭，省去了耗時的熬湯過程，加上快速炒過的醬香梅花肉，一道省時又好吃的醬油拉麵就完成了。

今晚想吃哪一道？
水煮蛋、醬香梅花肉、醬油拉麵~

〔材　料〕

豬梅花肉 150g

罐頭雞高湯 ....400㎖

米酒.................................. 1/2匙

水.....................................200㎖

香油、蒜粉 各1小匙

鰹魚醬油 3大匙

芝麻..................................2小匙

煮熟的拉麵 1份

水煮蛋.................................1顆

〔豬肉醃料〕

醬油.................................2小匙

米酒、太白粉 各1小匙

香油....................................少許

蒜粉 1/2小匙

〔其他配料〕

青蔥末、海帶芽、海苔、罐頭
玉米粒

〔作　法〕

1. 混合所有的豬肉醃料，放進豬肉片，攪拌至豬肉吸收湯汁後，靜置20分鐘。

2. 起一個湯鍋，加入雞高湯、米酒和水煮滾後，轉小火備用（市售雞高湯帶有鹹味，因後續還要調入醬油，故使用清水稀釋）。

3. 先在麵碗中加入香油、蒜粉和鰹魚醬油。

4. 起一個煎鍋，熱鍋後放入少量食用油（份量外），再加入豬肉片以大火拌炒，起鍋前撒上大量芝麻，約40秒即可起鍋。

5. 在麵碗中沖入剛剛加熱好的高湯，擺入事先煮好的拉麵，接著將炒好的醬香豬肉片放在麵上。

6. 在碗的周邊放入水煮蛋及其他配料，完成。

鮭魚壽司捲

這篇是玉子燒切成蛋條的料理應用，食譜中我會詳細說明壽司捲的作法，學起來以後不管是什麼內餡，都能輕鬆捲成漂亮的壽司囉！

一學就會的壽司捲包法
傾囊相授！

〔材　料〕

蛋條 .... 2條（請參考玉子燒p.53作法）

小黃瓜條 2條

紅蘿蔔條 2條

鮭魚罐頭 .... 1罐（或鮪魚罐頭）

日式美乃滋 約魚肉的1/3

黑胡椒粗粒 1/2小匙

醋飯 ... 1碗（請參考散壽司p.136作法）

全形海苔 .... 1 片（見Tips）

〔作　法〕

1. 第一步先把材料準備好，將玉子燒切成長條狀，小黃瓜、紅蘿蔔也切成長條狀，紅蘿蔔以鹽水汆燙後取出，小黃瓜則切除中心有籽的部位。

2. 打開鮭魚罐頭並擠掉鹽水，魚肉加入美乃滋和黑胡椒粉拌勻。

┌ Tips ┐

包壽司的海苔分為全形與半形，全形海苔是一片約20公分的正方形海苔，對半後就是半形海苔，包手卷或者做壽司細卷時使用，網拍或者日本超市都能買到。

壽司捲作法分解

在竹簾上放一張全形海苔並鋪上一層醋飯，接著輕輕按壓推散，讓白飯均勻分佈。

米飯的高度盡可能齊平，海苔末端留些寬度不要鋪飯，留下最後要收尾的地方。

在米飯下方約1/3處鋪上蛋條和蔬菜條，接著鋪上鮭魚美乃滋。

壽司基本上只需要捲兩次，首先用雙手拉起竹簾。

將竹簾往前推把料完全覆蓋，這時還不需要用力壓它。

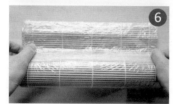

再一次拉起竹簾，往前推至壽司捲完全捲起。

稍微施加壓力讓飯料緊實，也讓海苔末端可以黏合。

抽起竹簾並覆蓋在壽司捲上，塑形成喜歡的形狀（圓形或是正方形皆可）。

最後，切成適合入口的大小，即完成。

Part 6

世界各地的
美味蛋料理

蛋的魅力無遠弗屆，許多國家的菜系中，不乏以蛋作
為主角的料理。本章收錄了世界各地最火紅的蛋料
理，讓你家的餐桌彷彿成為無國界餐廳。

義式野菇櫛瓜烤蛋

有著堅果和乳酪香氣的西式烤蛋。

這道義式料理稱為Frittata，雞蛋烘烤後的風味與用煎的很不同，搭配其他食材的口感也更為一致，香氣十足，下次不妨用烤的方式來處理雞蛋吧！

158

〔材　料〕

櫛瓜............................1/2條	鹽............................2小撮
紅椒............................1/4顆	黑胡椒粉.....................1/2小匙
洋蔥............................1/8顆	雞蛋............................4顆
綜合菇（雪白菇＆鴻禧菇）........50g	鮮奶油............................30g
奶油............................10g	起司絲.....................鋪滿煎鍋的量
伍斯特醬.....................1/2小匙	巴西里碎.....................2小撮

〔作　法〕

1. 櫛瓜、紅椒和洋蔥分別切成小塊狀，菇類則切除底部後剝散。

2. 找一個能夠進烤箱的小煎鍋，熱鍋並放入奶油，待奶油微焦後，依序放入洋蔥、紅椒、菇類和櫛瓜，拌炒後將伍斯特醬沿著鍋邊倒入嗆鍋，接著以一小撮的鹽和黑胡椒粉調味。

3. 將雞蛋加入鮮奶油及一小撮的鹽打勻，直接倒入煎鍋中與炒料混合，最後再鋪上起司絲。

4. 進烤箱，以200℃烘烤約10分鐘。

5. 烤蛋出爐後，撒上巴西里碎即完成。

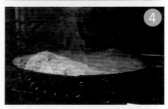

- Tips -

奶油微焦時，會產生一股堅果油脂香氣，此時是下料的最好時機，奶油焦化的速度非常快，要注意火力不能過大。

西班牙白菜馬鈴薯烘蛋

西方版的特色烘蛋。

西班牙式烘蛋（Tortilla）使用了大量的炒馬鈴薯，加上當季產的大白菜，非常香甜，或換成高麗菜也很棒，大家不妨選擇喜歡的蔬菜試看看。

〔材　料〕

馬鈴薯	120g	黑胡椒粉	適量
洋蔥	1/2顆	鹽	1小匙
大白菜	120g	香菜	2把（取葉片即可）
雞蛋	3顆	起司絲	適量
食用油	5大匙		

〔作　法〕

1. 馬鈴薯切成小方塊，洋蔥和白菜分別切成細碎狀，雞蛋打勻備用。

2. 煎鍋內下3大匙的油，熱鍋後，放入馬鈴薯拌炒至半軟。

3. 加入洋蔥和白菜，撒上黑胡椒粉，將全部食材炒至熟軟後盛起。

4. 待炒料降溫後倒進打散的蛋液中，加入鹽、香菜葉攪拌均勻，鍋內下2大匙的油後，先下一半蛋汁。

5. 在雞蛋上鋪上起司絲。

6. 接著，將另一半的蛋汁倒入覆蓋上去。

7. 下層出現焦褐色後，即可翻面，當兩面都呈現漂亮的褐色、內部蛋液熟透後，起鍋裝盤。

古羅馬惡魔蛋

這4款惡魔蛋雖然看起來非常華麗，做起來卻不怎麼花時間，很適合當自宅宴客的 finger food，上層的配料是我嘗試過味道非常棒的組合，請一定要試試看。

西式

〔材　料〕

雞蛋.............................6顆
日式美乃滋.....................50g
鹽.............................少許
黑胡椒粉.......................適量

〔經典配料〕

紅椒粉、細香蔥末、培根碎

〔日式配料〕

小黃瓜、七味粉

〔清爽配料〕

巴西里碎、櫻桃蘿蔔

〔香氣配料〕

炸蒜片、黑橄欖

運用四種配料裝飾並採
交叉放置方式，便可輕
鬆做出厲害的擺盤。

〔作　法〕

1. 雞蛋輕放入滾水中，以小火煮10分
鐘，煮約一半時，將雞蛋翻轉讓蛋黃置
中，接著取出泡冷水（份量外）放涼。

2. 雞蛋剝去外殼後切成兩半，挖出全部雞
蛋的蛋黃放入碗內，加入美乃滋、鹽和
黑胡椒粉拌勻。

3. 將蛋黃醬放入擠花袋後，擠入蛋白的凹
槽中，如果沒有擠花袋，也可直接以湯
匙盛在蛋白上。

4. 分別以上述4種配料裝飾在雞蛋上（蒜
片和培根要先炸過，也可以買現成的直
接放上去）。

┌ Tips ┐
在蛋黃餡中加入炒過的松子，吃起來又增
添一種香味和口感。

金沙豆腐

這道金沙豆腐只需四樣材料，卻有著超乎想像的濃郁滋味。許多人在做金沙（鹹蛋）料理時會連鹹鴨蛋的蛋白一起加入，但鹹蛋白突出的鹹味反而會讓整體味道變得突兀，這道料理使用鹹蛋黃即可，最後拌入青蔥，味道就很完美。

配飯吃會停不下來的鹹蛋料理。

台式

〔材　料〕

鹹鴨蛋（參考p.46）	2顆
青蔥	1~2根
雞蛋豆腐	1盒
低筋麵粉	適量

〔作　法〕

1. 鹹鴨蛋取出蛋黃備用，青蔥切成約1公分的小段，雞蛋豆腐切成小方塊後，在麵粉上鋪平，撒上一層薄麵粉，並左右搖晃，讓旁邊都能沾附到麵粉。

2. 起油鍋約190℃，倒入雞蛋豆腐後，撥散避免黏塊。

3. 另起一煎鍋，下少量油，鹹蛋黃下鍋，炒至冒泡後熄火備用。

4. 雞蛋豆腐炸至金黃色後，撈起瀝乾多餘的炸油。

5. 將炸豆腐倒入鹹蛋黃中，開火拌炒均勻後即可熄火，加入青蔥拌勻裝盤。

┤ Tips ├

由於雞蛋豆腐容易碎裂，不適合裹粉時揉搓，只要以篩網輕撒上去後搖晃一下即可。此外，不裹粉也可以油炸，但與裹粉油炸的口感不同，裹粉後會產生明顯的酥脆感。

秘製紅醬蚵仔煎

超級經典的台式夜市小吃，
自己做更美味。

大家喜歡這道經典的夜市小吃嗎？其實在家做蚵仔煎一點都不難，搭配我特調的獨門醬汁，小心吃了上癮喔！

〔材　料〕

食用油 2大匙
牡蠣 .... 6~8顆
小白菜（或蚵白菜）.................. 適量
雞蛋 1顆

鹽 1/2小匙
雞粉 .... 少許

〔特調醬汁〕

番茄醬、蠔油 各2大匙
梅林辣醬油 1大匙
砂糖 5小匙
水 ....80㎖

〔粉漿水〕

水 ....200㎖
麵粉、太白粉 各2大匙

〔作　法〕

1. 鍋內下適量的食用油1大匙，待油熱後，放入牡蠣煎香。

2. 將事先拌勻的粉漿水倒入鍋內，並沿著鍋邊再加入1大匙的油。

3. 當粉漿逐漸凝固轉白後，鋪上切成小段的小白菜 ，打入一顆雞蛋。

4. 這時請注意蚵仔煎邊緣，當邊緣呈現微焦且可移動時，就是翻面的時機（可沿著鍋邊再補入少許油）。

5. 續煎到兩面軟硬度適中，就可以起鍋了。

6. 將特調醬汁中的調味料全部倒入鍋內，以小火熬煮，醬汁收汁後即完成。

┤ Tips ├

由於蚵仔煎的粉漿很容易黏鍋，用不沾鍋比較不容易失敗。另外，請耐心等待粉漿凝固再翻面，這樣就能煎出完整好看的蚵仔煎了。

台式

蛋酥滷白菜

大白菜、香菇、蝦米
與蛋酥的經典組合。

傳統的滷白菜作法會加入香菇及蝦米，讓白菜裡頭的鮮味成分與香菇、蝦米結合後產生強烈的鮮味。其實多數食材只要搭配得宜，也能引出食材的天然鮮味喔！

〔材　料〕

豆輪..............................4顆	櫻花蝦..............................2大匙
乾香菇..............................2朵	昆布柴魚高湯.............. 200㎖
蒜頭..............................3顆	鹽..............................1小匙
大白菜..............................1/2顆	砂糖..............................1.5小匙
紅蘿蔔..............................1/3條	醬油..............................2小匙
食用油..............................2大匙	蛋酥..............................3大匙

〔作　法〕

1. 將豆輪和香菇泡水備用（或者將豆輪燙過，去油耗味），泡軟後切成條狀，蒜頭拍碎去皮，白菜和紅蘿蔔切成片狀。

2. 起一油鍋，依序放入香菇和蒜頭，以中小火慢慢拌炒到產生香氣。

3. 加入豆輪、紅蘿蔔和櫻花蝦，再續炒一下。

4. 鍋內放進白菜炒勻後，加入鹽、糖、醬油及高湯，接著蓋上鍋蓋，燉煮到所有材料熟軟。

5. 開蓋，試一下味道，若水太少，可以補點香菇水，大約煮10分鐘起鍋，最後撒上蛋酥。

┤ Tips ├

香菇的鮮味成分需經過油炒才會充份釋出，有使用到香菇的料理，最好都在前面煸炒的過程中就放入。

江戶前玉子燒

江戶前玉子燒並不算是一道平民料理，由於作工繁複，一般是在高級的日式料亭中才會出現。材料中的蝦肉和山藥形成一股特別的風味，過去在日本料理中把它當作最後收尾的甜點。有時我會將部分蝦肉以白肉魚替代，味道更為高雅，滿滿的海味不僅適合單吃，也可以做成握壽司。

日式

日式料亭級
的美味。

〔材　料〕

白蝦......................120g（約12隻）	細砂糖.................................20g
全蛋....................................5顆	醬油.....................................10g
蛋黃....................................3顆	日本山藥...........................80g
味醂..................................65g	
鹽.................................1小匙	

〔作 法〕

1. 將白蝦去殼並挑除腸泥，把蝦肉放入調理機內，加入全蛋、蛋黃、味酥、鹽、糖和醬油，以調理器打成泥狀。

2. 山藥用磨缽或磨泥器磨成泥狀（要用日本山藥才有良好的黏性）。

3. 磨好的山藥泥加入蝦肉蛋液中，混拌均勻。

4. 將蛋液倒入玉子燒鍋具內，放進預熱150℃的烤箱中，烘烤25分鐘。

5. 將已定型的玉子燒取出翻面，拉高烤溫到170℃，續烤20~25分鐘，直到兩面呈現漂亮的焦褐色。

6. 取出玉子燒，切除四邊後，切成適當大小的長方塊即可。

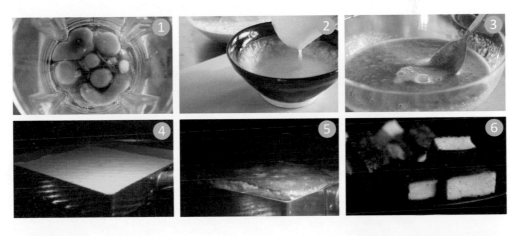

┤ Tips ├

• 我用的是傳統玉子燒用的銅鍋，這種材質相對容易黏鍋，大家可以換成不沾材質的鍋具。

• 作法5中第二次的烘烤，可能因烤箱不同會產生較大的差異，如果顏色不足，可以拉長烘烤時間，或者用平底鍋以小火煎上色。

• 這道料理的難度在於使用瓦斯爐慢火烘烤成如蛋糕般口感的玉子燒，火力的掌控非常關鍵，因此，我改成更容易成功的烤箱作法。

挑除腸泥的方法：從蝦尾端數來第二節的地方，以牙籤挑起腸泥。

日式

豬肉大阪燒

在家也能輕鬆完成
美味的日本美食！

大阪燒麵糊並不需要用到很多麵粉，只需利用雞蛋的黏性就可以簡單完成。醬汁則是使用家中常見的調味料，最後撒上的海苔粉也能以巴西里取代，整道料理其實沒有想像中的困難，一起在家中做這道美味的料理吧！

〔材　料〕

高麗菜	120g
火鍋豬肉片	3大片
雞蛋	1顆
低筋麵粉	50g
柴魚昆布高湯（可換成水）	30g
美乃滋、巴西里碎	各適量

〔大阪燒醬汁〕

水	1大匙
蠔油	1/2大匙
醬油	1/2大匙
番茄醬、蜂蜜	各1大匙
日式豬排醬（或伍斯特醬1小匙）	1大匙

〔作　法〕

1. 將高麗菜切碎，豬肉片切成約2公分的長條狀。

2. 雞蛋、低筋麵粉、高麗菜和高湯放入調理盆內，攪拌均勻後，加入豬肉片，再次混合均勻。

3. 將麵糊放入鍋子中央，以木鏟慢慢壓開成約1.5~2公分的圓餅狀，煎香後翻面，兩面以中小火煎約5分鐘即可。

4. 自製大阪燒醬汁。將大阪燒醬汁材料放入小碗內，混合均勻後即為大阪燒醬汁。

5. 在大阪燒表層塗上醬汁，淋上美乃滋，並撒上巴西里碎即完成。

蟹肉蛋披薩

有一道經典的日式料理叫做天津飯（p.118），是將蟹肉拌入蛋內，煎成厚蛋皮的一道飯料理，這次我們不使用飯，拌入蟹肉絲煎好的厚蛋披薩，本身就是一道美味的配菜。

日式

5分鐘輕鬆完成！

〔材 料〕

蟳味棒 2條
雞蛋 2顆
蔥花 ....少許
鹽 1/2小匙

〔芡 汁〕

醬油、蠔油、白醋.............各1匙
糖、香油 各1小匙
白胡椒 1小撮
水 ....150㎖
太白粉水 .... 勾芡至喜好濃度

174

〔作 法〕

1. 將蟳味棒剝成絲狀。

2. 碗內打入2顆蛋，加入鹽和剛剝好的蟹肉絲後，以筷子打勻。

3. 起鍋熱油，將蛋液倒入鍋中。

4. 火力不要太大，煎到兩面如圖中的狀態就可以起鍋。

5. 同鍋下除了太白粉水外的所有芡汁材料，撒入蔥花並勾芡至喜好的濃度，將芡汁淋在蛋上。

使用整顆茄子入
菜,鮮香軟嫩的
異國料理。

菲式茄子煎蛋

菲式茄子煎蛋(Tortang Talong)是菲律賓的家常料理,作法是先將茄子烤到焦黑後去皮,接著把軟化的茄子壓平並加入蛋液和番茄、肉末等各種配料煎香,非常好吃,我做的是改良後的版本,不需經火烤就能輕鬆完成。

〔材　料〕

洋蔥..............................1/4顆
青蔥.............................. 1根
鹽..............................1/2小匙
麵粉.............................. 2小匙
長茄.............................. 1條
香油.............................. 1大匙
雞蛋.............................. 2~3顆
白胡椒粉 .... 少許

〔作　法〕

1. 洋蔥和青蔥切末備用，雞蛋加入鹽和麵粉攪拌均勻。

2. 茄子刨去外皮，剖半後先切成適合入鍋的長度，以一邊不切斷的方式劃成長條狀（這樣比較容易熟，也很好看）。

3. 鍋內下香油，茄子下鍋並撒入少許的鹽，以中小火煎至熟軟後取起備用（可加入少許的水並蓋鍋蓋加速煮熟）。

4. 鍋內補入少許的油，炒香青蔥和洋蔥後，倒入約2/3的蛋液。

5. 放入茄子並淋上剩餘的蛋液，然後撒上白胡椒粉。

6. 煎至兩面焦香就可以起鍋了，翻面時，可用盤子或者鍋鏟協助。

亞洲

韓式麻藥蛋

吃了一顆後，還會想要吃第二顆的蛋料理！

青蔥、辣椒、蒜頭、洋蔥等辛香料是這道料理被冠上「麻藥」的原因，加上大量的芝麻和香油，一口吃下去，香氣瞬間充滿整個口腔。真心建議，請一定要多醃幾顆才不會後悔。

〔材　料〕

白溏心蛋（參考p.38作法）........4~5顆

〔麻藥醬汁〕

蒜頭.......................................4瓣
洋蔥....................................1/8顆
辣椒......................................2根

青蔥....................................... 1/2根
醬油....................................... 150㎖
清水....................................... 200㎖
糖粉（可換成白砂糖）.............. 2大匙
熟芝麻....................................4小匙
香油....................................1/2小匙

〔作　法〕

1. 將蒜頭及洋蔥切末，辣椒及青蔥切小段。

2. 將所有麻藥醬汁材料放入保鮮盒中，並以小湯匙攪拌均勻。

3. 溏心蛋放入醬汁中，浸泡一個晚上，即可取出食用。

┤ Tips ├

• 糖粉比較容易溶解於冷醬汁，換成砂糖的話，多攪拌幾下也沒問題。

• 在選擇醃漬雞蛋的保鮮盒或容器時，可以選擇窄一點、高一點的容器，這樣醬汁比較容易蓋過雞蛋，也能節省醬汁用量。

• 辣椒是這道菜很重要的香氣來源，浸泡過後辣味也已幾乎消失，怕辣的人也能安心吃。

亞洲

韓式蒸蛋

最蓬鬆、有空氣感
的一款蒸蛋。

韓式蒸蛋與講求滑嫩口感的日式蒸蛋不同，先將湯頭加熱後，再倒入蛋汁攪拌後蒸熟，攪拌過程中所帶入的空氣，讓口感變得非常蓬鬆，蛋味也很香濃，也難怪會在韓國社群上這麼火紅了。

〔材　料〕

蔥綠............................ 1/2根	鹽............................1/2小匙
辣椒.....1/2根（可依個人接受度增減）	昆布柴魚高湯（參考p.20作法）.. 250㎖
雞蛋................................4顆	香油....................................1/4小匙

〔作　法〕

1. 將蔥綠斜切，辣椒切小段，雞蛋打入小碗中，加入鹽後，以筷子打散。

2. 在砂鍋內倒入昆布柴魚高湯，煮滾後，倒入蛋液並攪拌蛋湯。

3. 當蛋湯開始形成半凝固狀態的蛋後，蓋上鍋蓋，轉小火蒸4分鐘。

4. 撒上辣椒和蔥花，滴入香油後，熄火蓋鍋蓋20~30秒去除蔥花辛味，起鍋。

⊢ Tips ⊢

• 在作法2中攪拌蛋湯時，要從鍋邊往鍋內拌，這是因為鍋邊受熱較多的雞蛋會先開始凝固，等到蛋湯逐漸形成散散的軟蛋塊，就可以蓋上鍋蓋燜煮了。

• 如果家中有兩個韓式砂鍋，可以在蒸蛋時疊上另一個砂鍋，讓鍋內有足夠的熱氣可以「蒸」蛋。如果跟使用一般砂鍋，在加入高湯和蛋液後，請至少預留1/3的高度，再蓋上鍋蓋。

琥珀漬蛋黃

漬蛋黃是一種常見的日式醃漬方法，主要是利用醬油的高鹽讓蛋黃脫水變成溏化的狀態，此外，也可以使用味噌或鹽麴，醃漬出來的風味很不一樣哦！

日式

利用食鹽的滲透作用，醃漬出
不可思議的香濃蛋黃吧！

〔材　料〕

蛋黃.....................................2顆
醬油.....................................5大匙
味醂.....................................1大匙

〔作　法〕

將蛋黃泡在醬油與味醂的混合液內，隔天即可取出食用。

1 奶油蛋黃拌飯

這是日本非常出名的家常料理「TKG（たまごかけごはん）」，也就是「雞蛋拌飯」。最簡單的雞蛋拌飯是將整顆雞蛋打入白飯中拌勻食用，後來還衍伸出了加入各種不同食材的雞蛋拌飯，加入奶油的雞蛋拌飯則是日劇深夜食堂中的經典料理，非常好吃。

雞蛋、奶油與
醬油的組合

〔材　料〕

熱白飯 1碗
新鮮生蛋黃 1顆
奶油 ....1塊（10g）
醬油 ....可繞白飯一圈

〔作　法〕

在熱白飯上放上一塊奶油和生蛋黃，加入醬油攪拌均勻，讓飯的熱氣融化奶油後，即可食用。

2 琥珀漬蛋黃飯

之前在p.182介紹的漬蛋黃,最常見的吃法就是搭配白飯,另外,還有一
項我的私藏吃法——「日本辣油」。日式辣油裡頭含有很多炸蔥類的辛香
料,不但不辣而且還非常香,配上一顆漬蛋黃,再淋上醃蛋黃的醬油,絕
對是最經典的吃法。

日本人的白飯
殺手!

3 韓式麻藥蛋飯

介紹完前兩道來自日本的拌飯後,接下來這道是堪稱重量級的韓國白飯殺
手—麻藥蛋飯。醃漬麻藥蛋的醬汁中有多種辛香料,經過一晚的浸泡,辛
香料味道都變得非常溫和,辣椒沒有了辣味,只留下香氣。關於麻藥蛋的
作法,請參考p.178。

韓國人的白飯
殺手!

4 荷包蛋豬油拌飯

這是一道我小時候吃的蛋飯料理，過去鄉下務農時，午餐最不可欠缺的便是澱粉、蛋白質和鹽分，將豬油倒入鐵鍋內，煎顆土雞蛋，接著，盛出一碗熱飯拌入醬油膏和蔥酥，這就是農忙後的一餐簡食。豬油搭上雞蛋，十足的台灣古早味！

台灣人的白飯
殺手！

〔材　料〕

豬油	1大匙
雞蛋	1顆
醬油	2大匙
米酒	1/2大匙
水	1大匙
細砂糖	2小匙
紅蔥酥	1大匙
太白粉水	適量
白飯	1~2碗

〔作　法〕

1. 依照p.49的方法，使用豬油煎一顆焦邊荷包蛋，鍋子不用洗，直接利用鍋內的豬油來煮醬油，把醬油混合米酒、水、砂糖倒入鍋內煮溶，讓醬油的味道變溫和許多。

2. 鍋內加入紅蔥酥，把調好的豬油醬油勾芡成膏狀。

3. 直接在鍋內加入白飯拌勻，或者也可以盛起淋在白飯上。

4. 美味的荷包蛋豬油拌飯完成。

關於生蛋黃

除了蛋黃拌飯外，包含開頭所介紹的醬料都有使用到生蛋黃。食用生蛋的主要風險在於細菌污染（沙門氏菌），這種細菌主要存在於蛋殼，而我們在打蛋的過程中，很可能觸碰到蛋殼後又碰到雞蛋，造成細菌傳播，因此，使用洗選蛋是比較好的選擇。

再來，要選擇新鮮且在優質飼養環境中蛋雞所下的蛋，若雞隻本身含有細菌，也有機會垂直感染到雞蛋。

在國外，有些牧場會幫雞隻施打疫苗，大大降低了生食的風險，不過，國內絕大多數廠商均無法保證雞蛋可作為生食用途，其實，就連喜愛生食雞蛋的日本，每年都還是有因生食雞蛋而感染的狀況，但就如同生魚片的食用，未加熱的食物都存在有一定的風險，是否食用，就看每個人對於風險的接受程度了。

Part 7
佐餐必備的
療癒湯品

在Part 2中曾示範過製作均勻蛋花的方法，細緻的蛋花
除了外觀漂亮外還具備提鮮的功能，只需一顆小小的
雞蛋，就能讓讓清水變高湯。來看看還有哪些美味湯
品吧！

夜市風玉米濃湯

原來煮玉米濃湯也能
非常快速簡單。

這道玉米濃湯是在一家咖啡店學到的，不需要削玉米粒、也
不用炒料，大概是除了速食湯包外最快速好吃的方法了。有
時我會加入煮過的馬鈴薯打勻，除了有增稠的效果，味道還
很像某家知名漢堡店的玉米濃湯哦！

〔材　料〕

雞骨高湯 .... 500㎖　　雞蛋 2顆

玉米醬 .... 1罐（420g）　　牛奶 .... 150㎖

無鹽玉米粒 .... 1/2罐（170g）　　黑胡椒粉 .... 適量

鹽 1.5小匙

〔作　法〕

1. 將雞高湯加入玉米醬後煮滾，倒入玉米
粒及鹽。雞蛋打入小碗中拌勻。

2. 當鍋內開始沸騰後轉小火，將打勻的蛋
液以繞圈方式慢慢倒入湯中，形成蛋花
後，再加入牛奶。

3. 拌勻後即可起鍋，依照個人喜好添加黑
胡椒粉。

┤ Tips ├

• 台糖和綠巨人均有出玉米醬，而玉米粒的品
牌就更多了，記得買無添加鹽的版本來做這
道料理。

• 玉米醬本身已經有稠度，如果喜歡濃稠一點
的，可以將10g的麵粉加上100g的水調勻，
在起鍋前倒入，快速攪勻以免結塊。

家常番茄蛋花湯

這道湯品與番茄炒蛋作法類似，都要將番茄先用油炒軟，湯頭的味道才會豐富，
另外，由於材料簡單，高湯的使用是必要的，選用雞高湯或是豬骨高湯都可以。

每個家裡都有的媽媽味。

〔材　料〕

青蔥	1根	豬枝骨高湯	500㎖
牛番茄（大）	1顆	鹽	1小匙
雞蛋	1顆	細砂糖	1/2小匙
香油	2大匙	香菜（可省略）	適量

〔作　法〕

1. 將青蔥分開蔥白及蔥綠，分別切成末，牛番茄切成塊狀，雞蛋打勻備用。

2. 在鍋內倒入香油，待油熱後放入番茄和蔥白，炒至熟軟。

3. 於作法2倒入豬骨高湯。

4. 待湯滾後，撈出部份的高湯沖入蛋液中。

5. 將蛋液倒回鍋內，以鹽和糖調味。

6. 撒上蔥綠末和香菜葉。

> ┌ Tips ┐
> 沖入蛋液中的湯汁為沸滾狀態，形成的蛋花才會好看。

蛋豆腐什錦海鮮羹

這道什錦海鮮羹運用了罐頭高湯，做起來非常快速，唯一要注意的是罐頭高湯通常已經帶有鹹味，鹽的用量要減少一些。蛋鮮味加上海鮮味的羹湯很容易讓人一口接一口喝個不停，雞蛋豆腐軟嫩的口感也與羹湯融為一體，請試試看這道非常棒的湯品。

在忙碌夜晚，也能快速製作這麼一道豪華羹湯。

〔材　料〕

青蔥......................1~2根		太白粉水......................適量	
新鮮香菇........................5朵		雞蛋........................1顆	
桂冠蟳味棒........................4條		香油........................2小匙	
雞蛋豆腐........................1盒			
白蝦........................8隻		〔調味料〕	
中卷........................1/2隻		白胡椒粉......................1/2小匙	
紹興酒........................1大匙		鹽........................1小匙	
水、罐頭雞高湯..........各500㎖		糖........................2小匙	
		紹興酒........................0.5大匙	

192

〔作 法〕

1. 青蔥切花，香菇切成小末狀，蟹味棒剝成絲，豆腐切成約1公分的立方塊。雞蛋打成蛋液備用。

2. 白蝦剝殼後去除腸泥，中卷去除內臟切成小塊狀，兩者放入小碗內，加入1大匙紹興酒去腥。

3. 取一湯鍋倒入水和高湯煮滾，加入香菇後，放入中卷和白蝦，再放入蟹味棒絲。

4. 加入1/2大匙的紹興酒、白胡椒粉、鹽和糖調味，勾芡後倒入蛋液，再放入雞蛋豆腐。

5. 最後，撒上香油和蔥花就完成了。

麵攤風豬骨蛋花湯

每次去逛傳統市場時，不管時間是否已經接近中午，我都會找家市場中的麵攤坐下來，如果點的是乾麵，就會再配碗蛋花湯。看著新鮮豬頭骨熬成的豬骨湯沖入雞蛋中，那迷人的鮮味總讓我一口接上一口，一起來做這道簡單又好喝的蛋花湯吧！

肉湯與雞蛋的共舞～
純粹就是美味。

〔材　料〕

雞蛋	1顆	蔥花	1大匙
豬枝骨高湯	500㎖	香油	1/2小匙
鹽	1/2小匙		

〔作　法〕

1. 將雞蛋打入麵碗中，並攪拌均勻。

2. 豬骨高湯以鹽調味並加熱至滾沸狀態，立刻倒入蛋液中。

3. 撒上蔥花和香油就完成了。

┌ Tips ┐

在p.40製作蛋花中的作法，是先將一部分滾水倒入蛋液裡，再全部倒回鍋內，但如果製作的量不是很多，可以直接將高湯全數沖入蛋液中，一樣能做出均勻順滑的蛋花湯。

家傳煎蛋湯

這道煎蛋湯雖然作法簡單，卻是我最想寫在書中的一道菜，因為它是我從小吃到大的媽媽菜。在有點寒意的假日早晨煎顆蛋並沖入熱水，利用散開的蛋黃當作天然調味料，煮滾讓油脂微微乳化，最後撒上一把青蔥，看似清淡的湯頭卻藏著濃郁的蛋鮮味，光靠雞蛋和油脂，就能有非常厲害的湯頭呢！

早餐就來一道暖暖的蛋湯吧！

〔材　料〕

雞蛋.....................................1顆
熱水.....................................1碗
鹽.................................2~3小撮
蔥花..................................1大匙

〔作　法〕

依照p.48方式煎荷包蛋，在蛋黃未熟時沖入熱水，讓部分蛋黃流出，煮滾後，加入鹽及蔥花即可起鍋。

Part 8

蛋香四溢的
夢幻系甜點

在這章中，我把發布過最熱門的甜點整理出來，道道
經典。另外，還囊括了幾道簡單美味的網紅點心。快
燃起你的烘焙魂，和我一起動手做一波唄！

牛奶燉蛋

小朋友無法抗拒的魔力甜品，自己做超健康。

這道甜點可以把它想成是一道「甜蒸蛋」，只是將水替換成了鮮奶，成品非常軟嫩，冬天吃具溫補功效。到了夏天，先冷藏後再搭配果醬、穀物麥片和水果一起吃，健康又消暑。

〔材　料〕

鮮奶 .... 300㎖
細砂糖 2大匙
雞蛋 2顆

玉米脆片（可不加）................. 適量
草莓果醬（可不加）................. 適量

〔作　法〕

1. 牛奶倒入小鍋中，煮至鍋邊開始冒小泡後，離火靜置。

2. 砂糖加入雞蛋內，以打蛋器打至溶解，持續攪拌蛋液，然後將熱鮮奶緩慢倒入（見Tips說明）。

3. 以細紗網過濾蛋液，過濾好的蛋液分裝至耐熱容器中。

4. 將蒸爐預熱至90℃，蒸14分鐘後取出放涼（如果使用傳統電鍋，可在鍋蓋間開點隙縫蒸熟），冷吃熱吃皆宜。

┤ Tips ├

當砂糖與雞蛋混合均勻後，雞蛋的凝結溫度會提高到80~90℃之間，因此，鮮奶只要不是在沸滾的狀態倒入，並不會使其凝固。

雞蛋焦糖布丁

焦糖布丁的主要材料只有砂糖、鮮奶和雞蛋，如果想更具布丁感，就需要使用到香草莢，它能讓整體風味大大提升。另外，如果再將一半的鮮奶換成鮮奶油，質地還會更細緻。

\ 無敵軟嫩的焦糖布丁。 /

〔布丁材料〕（4個份）

雞蛋 3顆

細砂糖 80g

鮮奶 ....400㎖

香草莢（可省略）...............1/2條

〔焦　糖〕

細砂糖 80g

水 ....30㎖

*布丁杯容量約200㎖ *

┤ Tips ├

• 煮焦糖時顏色一開始變化就要熄火了，餘熱還會讓焦糖液逐漸轉為深棕色，若煮到深棕色才熄火焦糖會繼續變苦；另一種方式是在焦糖液煮到深棕色時倒入少許水分降溫，不過焦糖的高溫會讓水分蒸發四濺，可以蓋上鍋蓋靜置一下。

• 我嘗試過烤出最軟嫩的烤溫是140℃，且完全不會出現氣泡，但考量到不同烤箱狀況不同，有些烤箱可能還有爐溫不穩問題，因此將溫度上調至150℃，大家可以根據自己的狀況決定是否以140℃烘烤。

〔作　法〕

1. 將焦糖的食材放入鍋內煮滾，當水分持續收乾後，糖水會開始轉為淺棕色，此時熄火起鍋。

2. 焦糖趁熱倒入耐熱的玻璃布丁杯中，此時焦糖溫度超過150℃，請小心操作。

3. 雞蛋3顆打散，把布丁食材中的砂糖倒入蛋液中，以打蛋器攪勻。

4. 在湯鍋內倒入鮮奶，加熱到鍋邊起小泡後，刮下香草莢中的香草加入，空香草莢也一併加入。

5. 鮮奶倒入蛋液中，並以打蛋器拌勻後，用篩網過篩。

6. 將篩過的奶蛋液倒入布丁杯中，布丁杯放在有高度的容器內，接著在外盤上倒入約2公分的熱水。

7. 連同外盤將布丁送進烤箱（水浴法），預熱150℃烘烤40~45分鐘。

8. 冷藏1小時定型後，即可直接食用（若要將布丁倒扣出來，需沿著杯側以脫模刀脫模）。

可參考影片說明▶

古早味起司蛋糕

七、八年前，我曾經在淡水生活過一段時間，當時老街上有個食物突然間紅了起來，就是古早味蛋糕。其中我一直忘不了的就是起司口味，起司的鹹度中和了蛋糕的甜，完全不膩，這次我把古早味蛋糕做成三種起司的進化版本。

剛烤完時的古早味蛋糕
暖呼呼的，像是冬日棉
被般的蓬鬆感。

〔材　料〕

低筋麵粉 120g
雞蛋...................................7顆
鮮奶................................120㎖
奶油.................................100g
鹽................................ 1/8小匙
香草精.............................少許
糖......................................100g

起司片 4片
切達起司絲 ....適量
帕馬森起司粉 ....適量

使用20公分方形模具

〔作 法〕

1. 將低筋麵粉過篩，雞蛋的蛋白和蛋黃分開，鮮奶加入奶油中煮到融化後，倒入過篩好的麵粉中，慢慢加入蛋黃攪拌均勻（此時加入鹽，若有香草精也可於此時加入）。

2. 接著，將糖分數次倒入蛋白中，以打蛋器打到發泡，如圖中有個倒勾狀即可。

3. 把麵糊加入打發蛋白中攪拌均勻，蛋糕糊就完成了。

4. 方形模具內放入約7~8公分高的烘焙紙，接著倒入約2/3的蛋糕糊後，放入適量的起司片，然後再倒入剩餘的蛋糕糊。

5. 在蛋糕糊表面撒上起司，我用的是切達起司絲和帕馬森起司粉。

6. 預熱烤箱，以150℃烤60分鐘，取出即完成。

┌ Tips ┐

此類的雞蛋糕是靠打發的蛋白支撐蛋糕體，若蛋白未打到一定的程度，烤起來不會蓬鬆；過度發泡，則可能烤出裂痕，需要特別注意蛋白的打發程度。

▲可參考影片說明

烤好的蛋糕中間滿滿都是流質起司。

巧克力焦糖蛋白霜

你知道蛋白也能變成一道甜點嗎？

偶爾我會在一個閒暇的午後把蛋白打發，進烤箱後就去忙別的事情，晚一點就有現烤蛋白霜餅乾可以吃了。口感很特別，當蛋白烤到無水分後，外殼變得非常酥脆，裡頭卻如棉花糖般。

〔材　料〕

雞蛋.................................3顆　　　細砂糖.............................80g

檸檬汁............................1小匙　　巧克力醬.............依個人喜好添加

香草精..........................1/2小匙

〔作　法〕

1. 將雞蛋的蛋白與蛋黃分離，蛋白內加入
   檸檬汁和香草精，以手持攪拌機稍微打
   至起泡後，加入1/3的砂糖。

2. 接著，繼續以中高速打發蛋白，過程中
   分兩次倒入剩下的砂糖，直到蛋白霜拉
   起呈現尖角狀。

3. 先將烤箱預熱到100℃，接著以湯匙挖
   取蛋白霜放到烘焙紙上，可隨意做成喜
   歡的形狀（要注意如果太厚，裡面可能
   烤不乾）。

4. 烤箱開啟炫風功能，烤約3小時後打開
   確認表面是否已經硬化，接著將烤溫提
   高至200℃烤5分鐘，呈現焦糖色後便
   可取出，直接食用或沾淋巧克力醬都很
   美味。

┌ Tips ┐

• 若烤箱無炫風功能，可用隔熱手套夾住箱
  門，留一個縫，烤約3~4小時。

• 製作蛋白霜後剩餘的蛋黃不要擔心，可以做
  成p.182的漬蛋黃或是p.26的美乃滋喑。

日式輕乳酪蛋糕

日式輕乳酪蛋糕的奶油和麵粉用量都比先前的古早味蛋糕少了一半，烤完後不僅非常軟嫩，還帶有淡淡的起司酸香。作法很簡單，扣除烤的時間，蛋糕糊大概15分鐘就可以迅速完成。

剛烤好的輕乳酪蛋糕鬆軟綿密，冷藏後則變得扎實酸香，一塊蛋糕雙重享受。

〔材　料〕

奶油..20g
奶油起司...............................160g
鮮奶......................................50㎖
雞蛋..3顆

低筋麵粉 30g
檸檬汁 1/8顆
細砂糖.....................................60g

使用20公分橢圓形模具

┤ Tips ├

蛋白先混拌過一部分的蛋黃糊後，兩者的質地較為接近，可以避免蛋糕糊沉底混拌不均的狀況，最後用刮刀由下往上拌確認蛋糕糊都已經完全拌勻。

〔作 法〕

1. 將奶油起司和奶油放在調理盆內隔水加熱，先把兩者煮到融化，等等加入鮮奶時會比較容易拌勻。

2. 盆內倒入鮮奶，繼續攪拌到呈滑順的狀態。

3. 將雞蛋的蛋白與蛋黃分離，蛋黃與過篩後的低筋麵粉倒進起司糊中。

4. 蛋白內擠入少許檸檬汁，先將蛋白以電動打蛋器高速打到起泡，加入一半的細砂糖，繼續以高速打到發泡後，再加入另一半的細砂糖，打到接近濕性發泡時，調低轉速打到細緻，至呈現倒鉤狀的綿密蛋白。

5. 在蛋白泡內先倒進一半的蛋黃糊，攪拌均勻後，再將混過部分蛋黃糊的蛋白全部倒入蛋黃糊中，以打蛋器攪拌均勻。

6. 在烤模的底部和側邊放上烘焙紙後，倒入蛋糕糊，接著將烤模放入比他大的容器中，在外模倒入約2~3公分高剛煮好的熱水。

7. 烤箱預熱110℃，烘烤70分鐘，倒數10分鐘時，將烤溫拉到175~180℃讓表皮上色。

8. 取出後放涼，輕乳酪的質地會非常鬆軟。

可參考影片說明▶

焦糖蜂蜜布丁燒

每次這款布丁燒端出廚房，所有小朋友的目光絕對是立刻投向它，堪稱小朋友界的網紅商品。這次我把布丁的糖份減量，避免搶去蜂蜜蛋糕的味道，蛋糕體則做成偏扎實的口感，請試試看這款連大人都無法抗拒的布丁燒。

你吃過下層是焦糖、
上層是蜂蜜蛋糕的布丁嗎？

〔焦　糖〕

細砂糖...................................80g

水..15㎖

〔布丁液〕

鮮奶.....................................380㎖

砂糖..50g

雞蛋..3顆

蛋黃..1顆

香草精.................................1/2小匙

〔蛋糕體〕

雞蛋..2顆

糖粉..20g

低筋麵粉...............................60g

蜂蜜.....................................30㎖

＊使用150毫升的耐熱玻璃杯，
可做4~5個＊

〔作　法〕

1. 將焦糖的材料全部放入鍋內煮滾，當水分持續收乾後，糖水會開始轉為淺棕色，此時熄火起鍋，焦糖趁熱倒入耐熱玻璃杯中。

2. 取一個調理盆，放入布丁液材料中的全蛋及蛋黃，接著加入細砂糖，把細砂糖和雞蛋，以打蛋器混合均勻。

3. 鮮奶倒入小鍋中加熱到60℃後關火，分成數次倒入作法2中的蛋液，攪拌均勻，香草精也於此時加入。

4. 再以細濾網過篩後，布丁液就完成了。

5. 接著做蜂蜜蛋糕糊，在調理盆內放入2顆雞蛋、蜂蜜及糖粉，用電動打蛋器慢慢打到發泡，再轉成低速，將蛋糕糊打到呈細緻狀態。

6. 倒入過篩後的低筋麵粉，攪拌到看不見粉狀為止。

7. 在耐熱玻璃杯中倒入布丁液並預留約1/5的高度，接著倒入蛋糕液到滿杯，所有布丁杯置於一個容器中，並於外層容器中加入剛煮好的熱水到約布丁杯1/3的高度。

8. 布丁連同外層容器放進烤箱中，預熱160℃，烘烤35分鐘後完成。

▲可參考影片說明

鮮奶油瑞士卷

瑞士卷的作法非常簡單，但因蛋糕會捲起來，烤溫和時間需要很精準，烤的過乾，在捲的時候表面可能會裂開，需依自家烤箱狀況調整，這次用的烤盤可以做兩個蛋糕卷，如果是小一點的烤盤，只要自行依照比例調整材料就好。

包著鮮奶油的黃澄色瑞士卷，吃幾塊都不會膩

〔材　料〕

雞蛋 7顆

鮮奶 ....80㎖

植物油 ....80㎖

低筋麵粉 120g

細砂糖A 80g

鮮奶油 ....200㎖

細砂糖B（加在鮮奶油中）.......30g

使用40x31公分方形烤盤

可參考影片說明▶

〔作 法〕

1. 將蛋白和蛋黃分開，蛋黃中加入鮮奶、植物油以及過篩後的低筋麵粉，以打蛋器持續攪拌至看不見麵粉塊。

2. 用電動打蛋器打發蛋白，分成數次倒入細砂糖A，打到蛋白霜呈現倒鉤狀即可。

3. 將蛋黃糊加入蛋白霜中，持續地攪拌，直到兩者混勻。

4. 烤盤上墊一層纖維布，並倒入蛋糕麵糊，用刮刀抹平後，輕敲桌面震一下麵糊。

5. 預熱烤箱160℃，進烤箱烤30分鐘。

6. 烤的同時，在鮮奶油中加入細砂糖B以電動打蛋器打發，完成後的鮮奶油是不會流動的狀態，奶油的質地會如圖般柔順而不粗糙。

7. 烤好的蛋糕體撕下纖維布，一分為二，並切除四邊粗糙的蛋糕體。

8. 將打發後的鮮奶油塗抹在蛋糕體上，靠自己的那端塗多一點，接著，將蛋糕體放在烘焙紙上，並以擀麵棍向前捲起。

9. 把捲好的蛋糕體放入冰箱冷藏3個小時以上，取出切塊即完成。

長崎蜂蜜蛋糕鬆餅

我第一次看到它是在日劇「孤獨的美食家」中，出現在一間咖啡廳裡，原名叫做「castellapancake」，原版是用一人份的小煎鍋來做，蓬鬆的鬆餅上撒些糖粉、依個人喜好淋上楓糖漿。這次示範的是四人份家庭版，成品同樣非常蓬鬆，只不過已經不是原先的小煎鍋，所以我稱它為「蛋糕」鬆餅。

〔材　料〕

雞蛋	8顆	泡打粉（可省略）	6g
細砂糖	120g	糖粉、奶油、蜂蜜 .. 依個人喜好	
鮮奶	120㎖		
低筋麵粉	150g		

〔作　法〕

1. 將雞蛋的蛋白與蛋黃分離，蛋白等等需要打發，先放入冰箱冷藏備用，接著將一半（60g）的細砂糖和鮮奶加入蛋黃中以打蛋器打勻。

2. 低筋麵粉和泡打粉一起過篩後，分成數次倒入蛋黃醬內，持續攪拌到看不見明顯粉塊為止。

3. 從冰箱中取出剛剛分離出來的蛋白，以電動打蛋器打到稍微發泡後，將剩餘的砂糖（60g）分成三次倒入，打蛋器轉成中高速打發蛋白，打到接近拿起打蛋器後蛋白霜會呈現倒鉤狀，不是完全挺立，但也不是過於稀軟的樣子。

4. 將一部分蛋黃糊倒入蛋白霜內，確實從底部攪起蛋白霜直到混合均勻後，再加入蛋黃糊，總共分成三到四次倒入，混合均勻的蛋糕糊非常細緻。

5. 倒入烤鍋內，底部我有墊烘焙紙，這樣烤好後蛋糕才能完全取出，放進已先預熱160℃的烤箱內，烘烤40分鐘。

6. 約30分鐘左右表面硬化後取出，在表面切割一個十字，溫度轉成180℃，再烤10分鐘。

7. 烤好後，表面撒上一些糖粉，分切成適合的大小後放上一塊奶油、淋上蜂蜜即完成。

幸好冰箱有蛋

作　　者｜邱文澤 zeze

責任編輯｜楊玲宜 ErinYang
封面裝幀｜柯俊仰 Yang Jyun
版面設計｜譚思敏 Emma Tan

發 行 人｜林隆奮 Frank Lin
社　　長｜蘇國林 Green Su

總 編 輯｜葉怡慧 Carol Yeh
主　　編｜鄭世佳 Josephine Cheng
業務處長｜吳宗庭 Tim Wu
業務主任｜蘇倍生 Benson Su
業務專員｜鍾依娟 Irina Chung
業務秘書｜陳曉琪 Angel Chen
　　　　　莊皓雯 Gia Chuang

發行公司｜悦知文化 精誠資訊股份有限公司
地　　址｜105台北市松山區復興北路99號12樓
專　　線｜(02) 2719-8811
傳　　真｜(02) 2719-7980
悦知網址｜http://www.delightpress.com.tw
客服信箱｜cs@delightpress.com.tw
ISBN：978-626-7406-55-7
建議售價｜新台幣380元
二版一刷｜2024年04月

國家圖書館出版品預行編目資料

幸好冰箱有蛋/ 邱文澤作. -- 二版. -- 臺北市：悦知文
化精誠資訊股份有限公司, 2024.04
面；公分
ISBN 978-626-7406-55-7 (平裝)
1.CST：蛋食譜

427.26　　　　　　　　　　　　　　113004159

建議分類｜生活風格‧食譜

洗滌收納
洗濯の道具

餐食器具
卓上の道具

保存調理
下ごしらえの道具

料理工具
調理の道具

廚房收納
後片付けの道具

家事の道具は、日々の暮らしの道具です。
家事問屋のものづくりは、
暮らしの変化や使い手の声に耳を傾けることから始まります。

家事
問屋
KAJI donya
made in Japan | Niigata

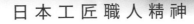

日本工匠職人精神

生活日常的必需
耐用、順手、安心的家事道具。

線上讀者問卷 TAKE OUR ONLINE READER SURVEY

既能獨自撐起一道菜，又能與各種食材完美搭配，除了蛋，還有誰！

—————《 幸好冰箱有蛋 》

請拿出手機掃描以下QRcode或輸入
以下網址，即可連結讀者問卷。
關於這本書的任何閱讀心得或建議，
歡迎與我們分享 ‥

https://bit.ly/3ioQ55B

幸好
冰箱有蛋

幸好
冰箱有蛋

幸好
冰箱有蛋

幸好
冰箱有蛋